现代水电厂机电设备
运行与维护

主　编　孟宪影
副主编　王向伟　王莺子　杜　楠

黄河水利出版社
·郑州·

内 容 提 要

本书是关于水电厂机电设备运行的入门书,主要内容包括水电厂机电设备运行的组织与制度、水电厂主机运行与维护、辅助设备运行与维护、电气一次设备运行与维护,以及电气二次设备运行与维护。

本书可供水电厂运行维护、电网调度工作人员参考,也可供工科院校水电类专业师生阅读。

图书在版编目(CIP)数据

现代水电厂机电设备运行与维护/孟宪影主编.——
郑州:黄河水利出版社,2022.3 (2023.12 重印)
ISBN 978-7-5509-3243-2

Ⅰ.①现… Ⅱ.①孟… Ⅲ.①水力发电站-机电设备-
运行②水力发电站-机电设备-维修 Ⅳ.①TV734

中国版本图书馆 CIP 数据核字(2022)第 041744 号

组稿编辑:田丽萍 电话:0371-66025553 E-mail:912810592@qq.com

出 版 社:黄河水利出版社   网址:www.yrcp.com
     地址:河南省郑州市顺河路黄委会综合楼 14 层   邮政编码:450003
发行单位:黄河水利出版社
     发行部电话:0371-66026940、66020550、66028024、66022620(传真)
     E-mail:hhslcbs@126.com
承印单位:河南新华印刷集团有限公司
开本:787 mm×1 092 mm 1/16
印张:12.25
字数:290 千字
版次:2022 年 3 月第 1 版   印次:2023 年 12 月第 2 次印刷

定价:60.00 元

前　言

撰写本书的目的是反映现代水电厂机电设备运行的主要工作内容及发展状况,针对当前水电厂机电设备的巡检、操作及维护进行分析和汇总,梳理出满足岗位需求的最基本、最重要的技能和相关知识,为水电站运行维护人员、电网调度人员提供具有一定参考价值的技术书籍。本书具有以下特点:

第一,先进性。本书较为详细地介绍了梯级水电站调控运行制度、安稳装置、自动发电控制 AGC、自动电压控制 AVC 等的巡检、操作及维护的主要内容及注意事项,引入了最新的机电设备运行管理标准及规范,展示了现代水电厂机电设备运行管理的新技术、新标准及新成果。

第二,实用性。本书紧密联系生产实际,针对水电厂机电设备中最有代表性的主机、辅助设备、电气一次及电气二次设备的运行工作进行分析整理,梳理出各设备巡检、操作与维护工作的内容及方法,是作者多年的培训、教学、职业技能鉴定及生产实践经验的总结。

第三,取材广,案例丰富、翔实。本书收集了丰满、二滩、龚嘴、亭子口等众多水电厂生产现场的运行规程及案例,并加以分析整理,取各家之长,有一定的借鉴意义。

本书第 1 章主要介绍机电设备运行的基本组织与制度,第 2 章介绍了水轮机及发电机的基本知识,巡检、操作及维护方法;第 3 章介绍了油水气系统及进水阀等水电厂辅助设备的基本知识,巡检、操作及维护方法;第 4 章介绍了变压器、高压开关、隔离刀闸、电压互感器、电流互感器等电气一次设备的基本知识,巡检、操作及维护方法;第 5 章介绍了调速装置、励磁装置、同期装置、继电保护装置、安稳装置等电气二次设备的基本知识,巡检、操作及维护方法。

本书编写人员及编写分工如下:前言、第 2 章、第 3 章、第 5 章 5.1 节由国网四川省电力公司技能培训中心孟宪影编写;第 1 章由国网四川省电力公司技能培训中心杜楠编写;第 4 章由国网湖北省电力有限公司技术培训中心王莺子编写;第 5 章 5.2 节至 5.6 节由大唐四川发电有限公司王向伟编写。本书由孟宪影担任主编并负责全书统稿,由王向伟、王莺子、杜楠担任副主编。

本书为四川省电力公司科技项目立项资助项目。

本书在编写过程中,参考了许多书籍和水电厂的相关资料,在此对相关作者表示感谢!

由于编者水平和实践经验有限,书中难免有不妥或错误之处,敬请读者批评指正。

编　者

2021 年 11 月

目　录

第 1 章　水电厂机电设备运行的组织与制度

1.1　机电设备运行的基本组织

1.1.1　电网运行的组织机构

为保障电力系统安全、优质、经济运行,在电力系统中,设有各级运行组织和值班人员,分别担负电力系统中各部分的运行工作。

1.1.1.1　电力调度控制机构

电力调度控制机构(简称调控机构)是电网运行的组织、指挥、指导和协调机构,电网运营企业负责设立和管理所辖电力调度控制机构。调控机构既是生产运行单位,又是电网运营企业的职能机构,在电网运行中行使调度权,在电力市场运营中负责市场交易。

目前,我国的电网调度控制机构是五级调度管理模式,依次为:国调、分中心(网调)、省调、地调和县调。

(1)国调。它是国家电力调度控制中心的简称,直接调度管理各跨省电网和各省级独立电网,并对跨大区域联络线及相应变电站和起联网作用的大型发电厂实施运行与操作管理。

(2)分中心(网调)。它是国家电力调度控制分中心的简称,负责区域性电网内各省间电网的联络线及大容量水、火电骨干电厂的直接调度管理。

(3)省调。它是省(自治区、直辖市)电力调度控制中心的简称。省调负责本省电网的运行管理,直接调度并入省网的大、中型水、火电厂和 220 kV 级以上的网络。

(4)地调。它是地市(区、州)电力调度控制中心的简称,负责供电公司供电范围内的网络和大中城市主要供电负荷的管理,兼管地方电厂及企业自备电厂的并网运行。

(5)县调。它是县(市、区)电力调度控制中心的简称,负责本县城乡供配电网络及负荷的调度管理。

1.1.1.2　水电厂运行组织机构

目前,水电厂有现场控制值班及远方集中控制值班两种方式。两种运行值班方式普遍采用 8 h 或 6 h 轮换值班制,实行四值三倒或五值四倒。水电厂运行值班的每一值称为运行值班单位。

现场控制运行值班每值设有值长、值班工程师、运行正班、运行副班,由 4~6 人组成一个运行值班单位。

无人值班(少人值守)的水电厂,远方集中控制中心值班每值由值长、运行正班、运行副班组成;无人值班电厂现场不设值守人员,少人值守电厂在现场设有 1 名或 2 名值守人员。

1.1.2　电网运行的调度指挥系统

1.1.2.1　电网调度指挥系统组成

由于电力系统是一个有机的整体,系统中任何一个主要设备运行工况的改变,都会影响整个电力系统,因此电力系统必须建立统一的调度指挥系统。电网调度指挥系统由发电厂、变电站运行值班单位(含变电站控制中心)、电力系统各级调控机构等组成。

我国《电网调度管理条例》规定,调控机构调度管辖范围内的发电厂、变电站的运行值班单位,必须服从该调控机构的调度,下级调控机构必须服从上级调控机构的调度。

调控机构的调度员在其值班时间内,是系统运行工作技术上的领导人,负责系统内的运行操作和事故处理。直接对下属调控机构的调度员、发电厂的值长、变电站的值班长发布调度命令。

电厂的运行值长在其值班时间内,是全厂运行工作技术上的领导人,负责接受上级调度的命令,指挥全厂的运行操作、事故处理和调度技术管理,直接对下属值班工程师、运行值班人员发布调度命令。

1.1.2.2　调控机构管辖范围及职责

1. 管辖范围

(1)调度管辖范围是指调控机构行使调度指挥权的发、供、用电系统,包括直接调度范围(以下简称直调范围)和许可调度范围(以下简称许可范围)。

(2)调控机构直接调度指挥的发、供、用电系统属直调范围,对应设备称为直调设备。

(3)下级调控机构直调设备运行状态变化对上级或同级调控机构直调发、供、用电系统运行有影响时,应纳入上级调控机构许可范围,对应设备称为许可设备。

(4)上级调控机构根据电网运行需要,可将直调范围内发、供、用电系统授权下级调控机构调度。

2. 职责

(1)负责所辖电力系统的安全、优质、经济运行,负责调度控制管辖范围内设备的运行、监控、操作及故障处置。

(2)接受上级调控机构的调度指挥。

(3)负责控制区联络线关口控制,参与电网频率调整。

(4)负责直调范围内无功管理与电压调整。

1.1.3　调控机构管理一般原则

(1)各级调控机构在电力调度业务活动中是上、下级关系,下级调控机构应服从上级调控机构的调度。调控机构调管范围内的厂站运行值班单位及输变电设备运维单位,应服从该调控机构的调度。

(2)未经值班调度员许可,任何单位和个人不得擅自改变其调度管辖设备状态。对危及人身和设备安全的情况按厂站现场规程处理,但在改变设备状态后应立即向值班调度员汇报。

(3)对于上级调控机构许可设备,下级调控机构在操作前应向上级调控机构申请,得到许可后方可操作,操作后向上级调控机构汇报;当电网发生紧急情况时,允许值班调度员不经许可直接对上级调控机构许可设备进行操作,但事后应及时汇报上级调控机构值班调度员。

(4)厂站管辖设备操作,如影响调控机构调管设备运行的,操作前应经值班调度员许可。

(5)调控机构管辖的设备,其运行方式变化对有关电网运行影响较大的,在操作前、后或故障后要及时向相关调控机构通报。

(6)发生威胁电力系统安全运行的紧急情况时,值班调度员可直接(或者通过下级调控机构值班调度员)越级向下级调控机构、厂站等运行值班人员发布调度指令,并告知相应调控机构。此时,下级调控机构值班调度员不得发布与之相抵触的调度指令。

(7)当电网运行设备发生异常或故障情况时,值班监控员、厂站运行值班人员及输变电设备运维人员应立即向直调该设备的值班调度员汇报。

(8)当发生影响电力系统运行的重大事件时,相关调控机构值班调度员应按规定汇报上级调控机构值班调度员,若事件可能对下级调度电网造成影响,应通报相关调控机构。

1.2　机电设备运行的基本制度

水力发电厂为了加强责任制,维持正常的生产秩序,保证安全生产,提高运行水平,根据生产需要和长期运行经验,制定了一系列符合现场实际的机电运行管理制度。各级运行值班人员,必须熟悉和遵守本单位的各种运行管理制度。

1.2.1　操作票制度

凡是影响机组生产(包括无功)或改变电力系统运行方式的倒闸操作及机组的开、停机等较为复杂的操作项目,必须填写操作票,这就是操作票制度。

机电运行人员要完成一个操作任务一般都需要进行十几项甚至几十项的操作,对这种复杂的操作,仅靠记忆是办不到的,也是不允许的,因为稍有疏忽、失误,就会造成人身、设备事故或严重停电事故。填写操作票是安全正确进行倒闸操作的根据,它把经过深思熟虑制定的操作项目记录下来,从而根据操作票上填写的内容依次进行有条不紊的操作。操作票是防止误操作的主要措施之一。

1.2.1.1　操作种类

设备操作分为监护操作和程序操作两种。监护操作是指有人监护的操作,程序操作是指应用可编程计算机进行的自动化操作。

1.2.1.2　操作票基本要求

操作票包含编号、操作任务、操作顺序、操作时间以及操作人、监护人和值班负责人签名等。操作前,值班负责人应将操作票、风险预控卡内容对监护人和操作人进行交底,监护人、操作人在风险预控卡中签字确认。操作票操作一般由两人执行,对设备比较熟悉者担任监护人,特别重要或复杂的操作,由熟练人员操作,值班负责人监护,并严格执行唱票复诵制。

1.2.1.3 操作票应填写内容

(1)拉合断路器和隔离开关,检查断路器和隔离开关位置;验电,装拆接地线,检查接地线是否拆除;安装或拆除控制回路或电压互感器回路的保险器;切换保护回路和自动化装置,检验是否确无电压等。

(2)检查设备的位置。

(3)进行停、送电操作时,在拉合隔离开关(刀闸),手车式开关拉出、推入前,检查断路器(开关)确在分闸位置。

(4)在进行倒负荷或解、并列操作前后,检查相关电源运行及负荷分配情况。

(5)设备检修后合闸送电前,送电范围内接地刀闸(装置)已拉开,接地线已拆除。

(6)应关闭或开启的气、水、油等系统的阀(闸)门。

(7)应打开的泄压阀(闸)门。

(8)要求值班人员在运行方式、操作调整上采取的其他措施。

(9)应操作的操作把手、按钮(包括计算机控制上的操作按钮)。

(10)解除、投入被操作设备的闭锁。

(11)应悬挂的标示牌。

1.2.2 工作票制度

正常情况下(事故情况除外),凡在水力发电厂生产现场进行检修、试验和安装等工作的,都应先填写工作票后执行,这形成了一种制度,称为工作票制度。

工作票是允许在水电厂生产设备上进行工作的书面文件,现场工作人员根据工作票明确相应的安全责任、安全措施和安全技术交底内容。

1.2.2.1 工作票种类及使用范围

水电厂常用的工作票有电气第一种工作票、电气第二种工作票、水力机械工作票、紧急抢修单、工作任务单。其使用范围如下。

1. 电气第一种工作票

需要高压设备全部停电、部分停电或做安全措施的工作。

2. 电气第二种工作票

(1)大于电力安全工作规程中设备不停电时安全距离的相关场所和带电设备外壳上的工作,不需要高压设备停电以及不可能触及带电设备导电部分的工作。

(2)控制盘和低压配电盘、配电箱、电源干线上的工作。

(3)二次系统和照明等回路上的工作,无须将高压设备停电或做安全措施者。

(4)转动中发电机的励磁回路或高压电动机转子电阻回路上的工作。

(5)非运行人员用绝缘棒、核相器和电压互感器定相或用钳型电流表测量高压回路的电流。

(6)高压电力电缆不需要停电的工作。

3. 水力机械工作票

在水轮发电机组、水力机械、水工建筑物上进行安装、检修、维护和试验工作,需要对设备、系统采取停电、停运、隔离隔断等安全措施或需要运行人员在设备及系统运行方式、操作调整上采取保障人身、设备安全措施的工作。

4. 紧急抢修单

事故紧急抢修、设备缺陷紧急处理工作。

5. 工作任务单

在生产区域从事建筑及其附属设施维护、搭拆脚手架、绿化、油漆等无须运行人员采取设备停运、停电、泄压、通风、隔离或隔断等安全措施或调整限制运行方式,以保障人身设备安全,且不会触及带电带压设备的工作。

1.2.2.2　工作票执行程序

(1)签发工作票。

(2)送交现场。

(3)审核把关。

(4)布置安全措施。

(5)许可工作。

(6)开工会。

(7)工作间断、转移和终结。

(8)收工会。

(9)工作终结。

(10)工作票终结。

1.2.3　交接班制度

运行值班人员进行交班和接班时应遵照的有关规定和要求的制度,称为交接班制度。

1.2.3.1　交接班的一般规定

(1)交接班工作由交班组负责人主持,责任部门管理人员参加。

(2)交接班工作在规定日期内完成,不得随意提前或推迟。不能按时参加交接班的人员,提前向所在班组负责人请假。

(3)交接班前,接班组和交班组进行一次联合巡检,确认设备状态。

(4)交接班过程中发生紧急情况时,立即停止交接,由交班组负责处理,接班组协助。

(5)因特殊原因不能在本组值班期间完成的工作,须交代清楚,必要时交接双方到现场确认、核实,否则不得交班。

(6)交接班资料须准确全面,交接班负责人履行签字手续。

(7)特殊情况下倒班方式改变后,根据现场实际对交接班方式做相应调整。

1.2.3.2　交接的内容

交接内容应包含但不限于以下内容:

(1)总概(运行方式、接地装置)。

(2)运行分析报告。

(3)缺陷统计。

(4)指令。

（5）下发文件及技术资料。

（6）正在进行的工作项目。

（7）新改造设备。

（8）重点注意事项。

（9）员工培训。

（10）钥匙管理。

（11）工器具。

（12）图册、工具书等。

1.2.4 设备定期试验及轮换制度

发电厂按规定对设备进行定期试验与轮换运行的制度，称为设备的定期试验与轮换制度。

通过对设备定期进行试验与切换，以保证备用设备的完好性，确保运行设备故障时备用设备能正确投入工作，提高运行的可靠性。

1.2.4.1 内容

（1）定期轮换。在规定的时间内运行设备与备用设备运行方式进行倒换。

（2）定期试验。运行设备或备用设备进行动态或静态启动、保护传动，以检测运行或备用设备的健康水平。

1.2.4.2 基本要求

（1）设备定期试验、轮换工作按电厂下发的计划执行。如因设备问题或其他特殊情况未能按时开展定期试验、轮换工作的，应做好记录与交接，条件具备后及时补做。

（2）发生设备异动后，根据需要，相关部门及时调整设备定期试验、轮换计划，并经生产部批准后执行。

（3）属上级调度管辖设备的定期试验、轮换工作，须经上级调度同意后进行；需其他部门配合的设备定期试验、轮换工作，应提前予以通知。

（4）定期试验、轮换工作应按规定办理工作票或填写操作票。

（5）在进行定期轮换前，应先检查备用设备完好情况。

（6）定期试验、轮换工作过程中如发生异常情况须立即终止，及时恢复正常运行方式并汇报。

（7）定期试验工作结束后，如无特殊要求，应根据现场实际情况，将被试设备及系统恢复到原状态。

1.2.5 设备巡回检查制度

运行值班人员在值班期间，对有关电气、机械设备及系统进行定时、定点、定专责的全面检查的制度，称为巡回检查制度，简称巡检。

巡回检查是保证设备安全运行、及时发现和处理设备缺陷及隐患的有效手段，每个运行值班人员应按各自的岗位职责，认真、按时执行巡回检查制度。巡回检查分交班检查、日常巡回检查、定期巡回检查和不定期巡回检查。

1.2.5.1　分类

1. 定期巡回检查

在机组正常运行或停运后,按规定的时间对所管辖的设备和系统进行的检查。

2. 不定期巡回检查

在机组运行或停运过程中,根据设备或系统存在的问题,结合各类专项检查,在原规定的时间外相应增加的对管辖设备和系统进行的检查。

1.2.5.2　巡检标准

(1)各部门巡检工作按电厂下发的计划执行,巡检前须按相关要求履行手续。

(2)各部门应制定标准化巡检作业标准,包括巡检线路、巡检项目、巡检内容、巡检要求、巡检方法、巡检周期等,并在点检系统中配置。

(3)巡检范围和路线主要以专业为基础,同时考虑空间的因素,把生产现场和设备的检查全部落实到专业岗位。巡查路线不能出现遗漏,同时保证人员的安全。

1.2.5.3　巡检要求

(1)各部门应组织对巡检人员开展培训,巡检人员应掌握巡检方法和注意事项,熟悉所巡检系统的设备参数和重点检查内容。

(2)巡检人员巡检中应携带必要的巡检工器具,必要的防护用品。

(3)巡检人员应按照巡检标准的要求内容进行检查,按规定的内容、时间、路线进行。

(4)巡检中发现设备故障,且严重威胁人身和设备安全时,可按规范流程事先进行正确处理,但事后须立即汇报当班值长。

(5)巡检中发生紧急情况,巡检人员在当班值长统一指挥下参与应急处置。

1.2.5.4　巡检方法

巡检方法概括为:一看、二听、三闻、四测。

一看:看设备的外观是否完好,连接是否可靠,参数显示是否正常(电流、温度、压力等)。

二听:听设备运行声音是否平稳,有无异常杂音。除现场倾听之外,也可使用听音设备。

三闻:闻设备有无异常气味(如烧焦糊臭、绝缘损坏、油污散发等)。

四测:主要是借助测温枪、测震仪等仪器对设备进行检测。

1.2.6　梯级水电站调控运行制度

为加强和规范梯级水电站调控运行管理工作,保障梯级水电站安全、高效、稳定、经济运行,根据电网有关规程、规定和公司相关管理要求,编制梯级水电站运行规程。调控中心是梯级水电站的运行调控机构,接受并执行上级调度下达的调度指令;电厂接受并执行调控中心的调度指令。

1.2.6.1　调度管理

(1)调控值班员主要负责与电网调度开展业务联系,电厂远方值班员主要负责梯级水电站的监视与控制,电厂现地值班员主要负责电站设备的巡查与现场操作。

(2)调控值班员在其值班期间是梯级水电站运行调度、调控中心调管设备操作和故障处置的指挥人,根据相关规程规定接受上级调度指令、向电厂值班员下达调度指令,并对指令接受、下达的正确性和及时性负责。

(3)电厂值班员在值班期间是梯级水电站运行监视、设备操作的执行人,根据相关规程规定执行调控值班员或电网调度员下达的调度指令,并对指令执行的正确性和及时性负责。

(4)调度指令是调控值班员履行职责的主要手段,包括调度操作指令、调度操作许可、调度业务指令三类。

1.2.6.2　控制管理

(1)电网调管设备的操作,须在得到电网调度操作指令或许可后进行。未经电网调度许可,任何单位和个人不得擅自改变调管设备的状态。

(2)调控中心调管设备的操作,须由调控值班员向电厂值班员下达操作指令后进行;特殊情况下,电厂值班员可直接接受电网调度指令,操作完毕后应及时汇报电网调度员、调控值班员。

(3)水库调度应依据水库运用与电站运行调度规程及相关规定,需要调整梯级电站泄水设施运行方式时,由调控值班员下达闸门操作指令,电厂值班员负责启闭操作。

(4)电厂值班员应严格执行梯级电站的发电计划,包括电站出力、开机台数等要求;若实发值与计划值出现偏差,应按相关规定进行处理,并汇报调控值班员。

(5)未经调控值班员许可,电厂值班员不得随意投退电站 AGC/AVC 功能和切换控制方式。当电站 AGC/AVC 运行在调控中心或电网调节方式出现异常时,电厂值班员应根据相关规定及时采取措施,将电站出力尽力恢复至与计划曲线一致,并汇报调控值班员。

(6)对调控中心调管设备状态的改变,调控值班员应填写调控中心操作命令票,并与电厂值班员核对一、二次设备状态。

(7)电厂值班员操作前,应考虑设备是否满足远方操作条件和操作过程中的危险点及预控措施,确认设备编号无误后方可进行操作;操作过程中应密切监视操作进程、运行状态及参数,发现异常及时处理,影响到调控中心调管设备正常运行时,应及时汇报调控值班员;操作完毕,应及时核对设备状态。

1.2.6.3　监视管理

(1)电厂值班员发现电站监控系统有报警信息时,应依据相关规程、规定及时处理;若影响调控中心调管设备运行,应及时汇报调控值班员。

(2)调控值班员发现调度自动化系统有报警信息时,应及时确认、处理;若影响电网调管设备正常运行,应及时汇报电网调度员;若影响电站设备正常运行,应及时告知电厂值班员。

(3)电厂远方操作员站出现异常后,应及时汇报调控值班员,并视情况将监控职责转移至现地。

(4)若调控中心电调、水调自动化系统因故障不可用,调控值班员应及时汇报电网调度员,并将调控中心所属的电站调度运行职责转移至电厂,水库实时调度职责转移至梯调中心。恢复正常后,调控值班员应及时将相应职责转移至调控中心,并汇报电网调度员,通知电厂值班员。

第 2 章　水电厂主机运行与维护

2.1　水轮机运行与维护

2.1.1　水轮机概述

2.1.1.1　水轮机作用及分类

1. 作用

水轮机是水电厂中的水力原动机,当具有势能和动能的水流通过水轮机时,将水流的能量传给了水轮机转轮,推动水轮机转动,从而形成旋转的机械能。旋转的水轮机转轮通过主轴带动励磁后的发电机转子旋转,形成一个旋转的磁场,发电机定子线圈因切割磁力线进而产生电能。

2. 分类

现代水轮机按水能利用的特征分为两大类,即反击式水轮机和冲击式水轮机。水轮机形式及其适用范围见表 2-1。

表 2-1　水轮机形式及其适用范围

类型	形式		适用水头/m
反击式	混流式		25~700
	轴流式	轴流转桨式	3~80
		轴流定桨式	3~50
	斜流式		40~120
	贯流式	贯流转桨式	<20
		贯流定桨式	
冲击式	水斗式		100~2 000
	斜击式		20~300
	双击式		5~150

1)反击式水轮机

转轮利用水流的压能和动能做功的水轮机是反击式水轮机。在反击式水轮机流道中,水流是有压的,水流充满水轮机的整个流道,从转轮进口至出口,水流压力逐渐降低。水流通过与叶片的相互作用使转轮转动,从而把水流能量传递给转轮。反击式水轮机根据其适应的水头和流量不同,又分为混流式、轴流式、斜流式和贯流式四种。其中,以混流式与轴流式水轮机应用最为广泛,下面介绍混流式及轴流式水轮机的特点。

(1)混流式水轮机。

混流式水轮机是指水流径向流入、轴向流出转轮的反击式水轮机,又称法兰西斯式水轮机或辐向轴流式水轮机。混流式水轮机为固定叶片式水轮机,混流式水轮机的转轮由上冠、叶片、下环连接成一个整体。因此,结构简单,具有较高的强度,运行可靠,效率高,应用水头范围广,一般用于中高水头水电站。

(2)轴流式水轮机。

轴流式水轮机是指水流轴向进、出转轮的反击式水轮机。其转轮形似螺旋桨,水流在转轮区域是轴向流进、轴向流出的。根据叶片在运行中能否相对转轮体自动调节角度,又分为轴流转桨式和轴流定桨式。

2)冲击式水轮机

转轮只利用水流动能做功的水轮机是冲击式水轮机。冲击式水轮机的明显特征是:水流在进入转轮区域之前,先经过喷嘴形成自由射流,将压能变为动能,自由射流以动能形式冲动转轮旋转,因此称为冲击式。在冲击式水轮机流道中,水流沿流道流动过程中保持压力不变(等于大气压力),水流有与空气接触的自由表面,转轮只是部分进水,因此水流是不充满整个流道的。

按射流冲击转轮叶片的方向不同可分为水斗式(切击式)、斜击式和双击式。其中,以水斗式应用较为广泛。水斗式水轮机指转轮叶片呈斗形,且射流中心线与转轮节圆相切的冲击式水轮机。它靠从喷嘴出来的射流沿转轮切线方向冲击转轮而做功,这种水轮机的叶片如勺状水斗,均匀排列在转轮的轮辐外周。水斗式水轮机适用于高水头、小流量的水电站。

2.1.1.2　水轮机结构组成

不同类型的水轮机结构不同,反击式水轮机主要由引水室、导水机构、转轮、尾水管、主轴等部分组成,现对其各组成部分分别加以说明。

1. 引水室

水轮机引水室的主要作用是将水流顺畅且轴对称地引向导水机构。它分为开敞式引水室、罐式引水室、蜗壳式引水室三种类型,其中应用最多的蜗壳式引水室根据其材料不同又可分为金属蜗壳和混凝土蜗壳,在水头小于 40 m 时一般采用混凝土蜗壳,当水头较高,需要在混凝土中布置大量钢筋,造价可能比金属蜗壳还要高,且钢筋布置过密会造成施工困难时,多采用金属蜗壳。

2. 导水机构

水轮机导水机构的作用是形成和改变进入转轮水流的环量,保证水轮机具有良好的水力特性,调节水轮机流量,改变机组输出功率,并在机组停机时,用于截断水流。

在混流式、轴流式水轮机中,导水机构位于蜗壳座环内圈,主要由顶盖、底环、控制环、导叶、导叶套筒、导叶传动机构(包括导叶臂、连杆、连接板)和接力器等部分组成。

3. 转轮

转轮是水轮机将水流转变为旋转机械能的核心部件,要求转轮具有良好的水力性能,足够的强度和刚度。

不同类型水轮机转轮结构不同,混流式水轮机转轮一般由上冠、叶片、下环、止漏装置、泄水锥和减压装置组成。

4. 主轴

水轮机主轴是其主要部件之一,它的一端与发电机轴相连,另一端与水轮机转轮相连。它的作用是将水轮机转轮的旋转机械能传递给发电机,从而带动发电机转子旋转。此外,主轴还承受转轮的轴向水推力和转动部件的重量。

5. 主轴密封

混流式水轮机上冠与顶盖之间,存在着一个低压水腔,其水源为止漏环的漏水。由于止漏环的阻尼和减压装置的降压作用,此水压一般不超过 0.196 MPa。为防止此压力水从主轴与顶盖之间的缝隙中冒出,破坏稀油润滑导轴承的正常工作,设主轴密封装置。对下游尾水位高于顶盖的电站,要设停机检修密封装置,防止尾水倒灌淹没水轮机。

水轮机的主轴密封装置包括工作密封和检修密封,一般装在主轴法兰上方,地方狭窄,工作条件差,对多泥沙电站,其工作条件更为恶劣。它是水轮机的一道重要屏障,直接关系到水轮机的安全运行。

1) 工作密封

从工作原理而言,工作密封可以简化成固定在转轴上的动环和固定在顶盖上的静环组合成的摩擦副,其工作最佳状态是静环以一定压力压向动环,保持密封面的稳定接触以封水,同时要引进一定清洁压力水到密封面,形成液膜润滑,避免干摩擦引起摩擦副快速磨损,同时要有足够的磨损补偿余量,做到低泄流、长寿命。

工作密封结构较多,大体有橡胶平板密封、端面密封、径向密封、橡胶石棉盘根密封及水泵辅助密封等。

2) 检修密封

对尾水位高于水导轴承的水电站,为防止尾水倒灌,设置停机检修密封。检修密封常用形式有空气围带式和抬机式两种。

水轮机密封装置在运行中是不可见的,但密封装置的运行状态必须随时监视,否则将危及水导油盆的安全。

6. 水轮机导轴承

导轴承是保持主轴中心位置,并承受主径向力的轴承。水轮机导轴承的主要作用是承受机组运行中主轴传来的径向力和振摆力,约束主轴轴线位置。导轴承在结构布置上应尽量靠近转轮,以缩短转轮至轴承距离,保证主轴和转轮运行的稳定性和可靠性。立式水轮机导轴承按润滑介质不同,分为水润滑导轴承和稀油润滑导轴承,而稀油润滑导轴承又有分块瓦式和圆筒瓦式两种。卧式机组的导轴承既要承受机组旋转的径向力,又要承受旋转部分重量,其工作条件较立式机组差,往往把导轴承和推力轴承放在一个轴承座内。

水导轴承是运行的主要监视对象,也是检修和维护的主要项目。导轴承运行中常见问题是轴承过热,严重时会烧瓦。常见的故障有轴承磨损、间隙变大。这些问题直接影响机组的安全稳定运行,为此对导轴承必须重视。

7. 水轮机尾水管及其附属装置

尾水管是反击式水轮机的泄水部件,位于转轮后的出水管段,以利用转轮出口水流的位能和部分动能。根据其形状的不同,尾水管又分为锥形尾水管、弯管形尾水管和弯肘形尾水管。

混流式水轮机附属装置有补气装置,尾水管稳流装置,顶盖排水装置、蜗壳排水装置,对高水头长引水管电站,还有放空阀等。下面主要介绍与运行关系较密切的补气装置。

1) 尾水管补气装置

在某些工况下,水轮机尾水管内会出现大尺寸涡带,不稳定涡带会造成压力脉动和振动。向尾水管补气对消振能起到好的效果。补气方式主要有十字架补气、短管补气及射流补气。

2) 轴心孔补气阀

当尾水管内压力脉动位置较高时,可通过轴心孔补气来缓解。在主轴下端轴心孔出口处装设轴心孔补气阀,常见的如平板式吸力真空阀。当尾水管内真空值大于整定值时,阀门开启,外面大气通过轴心孔向尾水补气。当尾水管内真空值变小,吸力小于整定值时,阀门关闭。轴心孔补气的缺点是补气噪声太大。

2.1.2　水轮机的巡视检查与维护

2.1.2.1　水轮机运行规定

1. 水轮机运行基本规定

(1) 水轮机投入运行前,应完成运行管理机构设置,以及定期试验与轮换、巡回检查、缺陷管理等运行管理制度的制定。

(2) 运行维护人员应进行水轮机相关技术培训,并掌握运行维护技能。

(3) 运行技术资料主要包括:

① 水轮机及其油、水、气系统等附属设备的布置图、结构图、原理图、接线图,安装维护使用技术说明书和随机供应的产品图纸,各种盘柜和自动化设备的安装布置图。

② 水轮机进水口、引水管、蜗壳(配水环管)、尾水管、主阀、闸门等流道及部件的安装布置图、结构图、操作原理图等。

③ 水轮机运转特性曲线、调节保证计算结果、安全稳定经济运行资料、并网许可资料及其他重要计算资料。

④ 水轮机及其附属设备的安装、检修过程记录、试验记录、验收记录、投运许可记录,安装、运行的影像资料。

⑤ 水轮机及其附属设备改进部分的方案、图纸和技术资料及历年运行记录总结,缺陷记录,异常和事故记录,油、水、气系统运行记录,各部轴承运行温度记录,各充油设备加、排油记录,各部振动(摆度)记录。

⑥ 运行所需的备品备件目录、特殊工具目录及存放要求。

⑦ 现场运行规程、运行图册、检修规程、试验规程、应急处置方案等。

⑧ 水轮机及其附属设备主要参数。

(4) 水轮机的运行安全管理应符合现行 GB 26164.1、GB 26860 的安全工作规定。

（5）运行单位应根据水轮机形式及电站特点编写现场运行规程及运行维护记录表格等。

2. 水轮机导轴承运行规定

（1）水轮机在各种运行工况下，其稀油润滑导轴承巴氏合金瓦最高温度不超过 70 ℃，油温最高不超过 55 ℃，最低不低于 10 ℃；采用弹性金属塑料瓦的瓦体最高温度不超过 55 ℃，油温最高不超过 50 ℃。设备制造厂家有特殊规定的，按厂家规定执行。

（2）外循环冷却的稀油润滑导轴承，其油流量和压力应符合设备技术要求，循环油泵及其电源均应有可靠备用。

（3）稀油润滑导轴承的冷却水中断后，机组无损害继续运行的时间应符合设备制造厂的规定。

（4）水润滑橡胶导轴承在水轮机运行时应投入润滑水，主用水源故障时，应能切换至备用水源。

3. 水轮机检修密封、主轴密封运行规定

（1）检修密封充、排气试验应正常，无漏气。

（2）主轴密封的轴向、径向间隙调整应符合设计要求。

（3）无接触式主轴密封的水轮机在停机后应投入检修密封。

（4）机组开机时，应投入主轴密封，主用水源故障时，应切换至备用水源。

（5）主轴密封水的压力和流量应符合设备技术规范，并根据设备运行实际情况设定。

（6）接触式主轴密封的磨损量应符合设备技术规范，并根据设备运行实际情况设定。

4. 水轮机补气装置运行规定

（1）补气装置应能可靠动作，补气管路应保持通畅。

（2）强迫补气装置应根据水轮机运行工况自动投入和退出。

（3）水轮机补气装置排水管路应保持通畅，逆止装置密封可靠。

（4）主轴中心孔补气装置支撑座对地绝缘电阻，应不小于 0.5 MΩ。

5. 水力量测系统

（1）水力量测系统应满足水轮机自动控制及试验测量的要求。

（2）上游水位、下游水位、电站水头、拦污栅压差、水库含沙量及水库水温等测量装置应工作正常。

（3）水轮机净水头及流量、蜗壳（配水环管）进口压力、蜗壳末端压力、顶盖压力、尾水管出口压力、尾水管压力脉动、冷却水流量及水温、机组振动（轴摆度）、过机含沙量等测量装置应工作正常。

2.1.2.2　水轮机的巡视检查

1. 水轮机日常巡视检查

（1）水轮机运转声音正常，无异常振动。

（2）压力钢管伸缩节正常，地面排水畅通。

（3）压力钢管、蜗壳（配水环管）、尾水管的排水阀全关且无漏水。

（4）蜗壳进人门、尾水管进人门螺栓齐全、紧固，无漏水、剧烈振动现象。

（5）导轴承油位、油温、油质、油混水装置、导瓦温度、轴承支架（轴承座）振动和冷却润滑水压力、流量、水质、温度等正常。

（6）导轴承油盆无渗漏、无甩油，油雾吸收装置无油雾外逸现象。

（7）水轮机调节系统工作正常，分段关闭装置一切正常。

（8）水轮机导水机构工作正常。

（9）导叶轴套无漏水，转桨式水轮机的叶片密封正常，受油器无漏油现象。

（10）剪断销无剪断或跳出（拉断销无拉断，弯曲连杆、弹簧连杆无变形），信号装置完好。

（11）主轴密封润滑冷却水压力、流量值、磨损量指示正常，渗漏水量正常。

（12）顶盖各部件无松动，渗漏水量、水位正常，顶盖排水泵运行时间及启动频率正常。

（13）补气装置工作正常、无渗漏，排水管水位正常。

（14）管路阀门位置正确，油、水、气系统无渗漏，过滤器无堵塞，压差不超过规定值。

（15）水力监测装置工作正常，显示监测数据正确。

（16）各部位测压、测流、测温、液位等测量装置完好，参数正常。

（17）电气引线、接线完好，无过热、受潮、松动现象。

（18）冲击式水轮机的水斗、喷针、喷嘴工作正常。

（19）油泵电动机工作正常，回油箱、漏油箱油位、油温、油质正常。

（20）检修密封与工作密封无渗水，位置状态正确。

2. 水轮机特殊巡视检查

水轮机遇下列情况应进行特殊巡视检查：

（1）设备新投运或检修后恢复运行。

（2）水轮机遇事故处理后投入运行。

（3）水轮机有设备缺陷尚未消除。

（4）顶盖漏水较大或顶盖排水不畅通。

（5）洪水期或下游水位较高。

（6）稳定性试验。

（7）试验工作结束后。

2.1.2.3　水轮机的维护

1. 水轮机导轴承检查维护

（1）新安装的水轮机导轴承，机组在启动运行期间应设专人监视其温度变化，若发现有异常，应迅速检查并处理。

（2）热备用机组投入运行后，按水轮发电机组规定的时间检查和记录轴承温度。当轴承温度在稳定的基础上突然升高 2~3 ℃时，应检查该轴承工作情况和油、水系统工作情况，测量水轮机摆度，并注意加强检查。

（3）水轮机导轴承的油位应在规定的范围内，若油面过高或过低应查明原因，及时进行处理。

（4）轴承油色应正常，若油色变化，应停机处理，以避免烧损轴瓦。

（5）运行中必须定期检查冷却水和润滑水的工作情况，供水水质应符合标准，水压在正常范围之内。

2. 水轮机其他定期维护工作

(1)定期对水泵、油泵进行轮换和启动试验。

(2)定期对电气设备进行绝缘测定,绝缘不合格时报告值长,采取措施干燥,做好绝缘数值记录。

(3)按规定时间对充油设备进行取油化验及色谱分析,当设备存在异常情况时,应及时汇报有关领导,并采取措施临时增加化验次数。

(4)定期进行机组轴承摆度测定,做好记录。

(5)定期对设备轴承及机械关节注油。

(6)定期对过滤器、气水分离器、气罐排污。

(7)定期对厂外设备按时进行线路巡检,通信线路检查,以及进行设备切换工作。

(8)定期对进水口球阀进行排沙。

(9)定期进行主备用及正反向供水切换。

(10)定期进行振动(轴摆度)测量、分析。

2.1.3　水轮机的操作

2.1.3.1　水轮机运行操作规定

1. 水轮机运行操作一般规定

(1)水轮机启停宜采用自动操作方式,新投产、检修后首次启动宜采用现地手动开机方式。

(2)尾水管充水应满足以下条件:

①蜗壳进人门、尾水管进人门等流道进人门关闭。

②尾水管排水阀门关闭。

③顶盖排水系统恢复正常运行。

④进水阀全开。

⑤无影响尾水管充水的其他情况。

(3)蜗壳(配水环管)、压力钢管(引水隧洞)充水应满足以下条件:

①尾水管充水完成,尾水管闸门已开启。

②蜗壳(配水环管)排水阀、压力钢管排水阀已关闭。

③导叶全关、筒形阀全关,喷针关闭,接力器锁锭投入。

④压力钢管(引水隧洞)通气孔通畅。

⑤进水口工作闸门(或主阀)系统工作正常。

⑥水轮机调节系统已能正常运行。

⑦水轮机自动装置已投入正常。

⑧主轴密封、检修密封已正常。

⑨无影响蜗壳(配水环管)、压力钢管(引水隧洞)充水的其他情况。

(4)进水口工作闸门应在压力钢管(引水隧洞)充水平压后方可提起。

(5)压力钢管(引水隧洞)根据现场情况,可按下列方式排水:

①开启蜗壳排水阀排水。

②开启技术供水排水阀排水。

③动作折向器(偏流器)、开启喷针,或开启配水环管排水阀排水。

④无影响水轮发电机组安全的其他排水方式。

(6)贯流式机组的充排水按现场运行规定执行。

2．水轮机启动前的准备工作

(1)确认充水试验中出现的问题已处理合格。

(2)各部件冷却水、润滑水投入,水压、流量正常,润滑油系统、操作油系统工作正常,各油槽油位正常。

(3)渗漏排水系统、压缩空气系统按自动方式运行正常。

(4)上下游水位、机组各部件原始温度等已记录。

(5)启动高压油顶起装置顶起发电机转子。对于无高压油顶起装置的机组,在机组启动前应用高压油泵顶起转子,油压解除后,检查发电机制动器,确认制动器活塞已全部落下。装有弹性金属塑料推力轴瓦的机组,首次启动时,也应顶一次转子。

(6)漏油装置处于自动位置。

(7)水轮机主轴密封水投入,检修密封排除气压,水轮机圆筒阀(进水阀)在全开位置。

(8)调速器处于准备工作状态,并应符合下列要求:

①油压装置至调速器主油阀阀门已开启,调速器液压操作柜已接通压力油,油压、油位指示正常;油压装置处于自动运行状态。

②调速器的专用滤油器位于工作位置。

③调速器处于机械"手动"或电气"手动"位置。

④调速器的导叶开度限制位于全关位置。

⑤永态转差系数暂调整到2%~4%。

(9)与机组有关的设备应符合下列要求:

①发电机出口断路器断开,或与主变压器低压侧的连接端断开。

②发电机转子集电环碳刷已研磨好并安装完毕,碳刷拔出。

③水力机械保护和测温装置已投入。

④拆除所有试验用的短接线及接地线。

⑤外接标准频率表监视发电机转速。

⑥电制动停机装置短路开关处于断开位置。

⑦发电机灭磁开关断开。

⑧机组现地控制单元已处于工作状态,已接入外部调试检测终端,并具备安全监测、记录、打印、报警机组各部位主要运行参数的功能。

⑨机组在线状态监测装置已处于工作状态。

⑩电站计算机监控系统已投入使用。

2.1.3.2 水轮机手动开、停机操作

1. 水轮机手动启动操作

(1)拔出接力器锁锭,对装有高压油顶起装置的机组,手动投入高压油顶起装置。

(2)手动打开调速器的导叶开度限制机构,机组开始转动后,即将导叶关回,由各部位观察人员检查和确认机组转动与静止部件之间无摩擦或碰撞情况。

(3)确认各部位正常后,手动打开导叶启动机组,当机组转速接近 50%额定值时,暂停升速,观察各部运行情况。检查无异常后继续增大导叶开度,使转速升至额定值,机组空转运行;当机组升速至 80%额定转速(或规定值)后,可手动切除高压油顶起装置,并校验电气转速继电器相应的触点和动作值。

(4)当达到额定转速时,校验电气转速表指示应正确,记录当时水头下机组的空载开度。

(5)在机组升速过程中,应加强对各部位轴承温度的监视,不应有急剧升高及下降现象。机组启动达到额定转速后,在 0.5 h 内,应每隔 5 min 测量一次推力瓦及导轴瓦的温度,以后可每隔 30 min 记录一次推力瓦及导轴瓦的温度,并绘制推力瓦及各部位导轴瓦的温升曲线,观察轴承油面的变化,油位应处于正常位置范围。机组运行至温度稳定后(每小时温升不大于 1 ℃),标好各部油槽的运行油位线,记录稳定的温度值,此值不应超过设计规定值。

(6)机组启动过程中,应密切监视各部位运转情况,如发现金属碰撞或摩擦、水车室蹿水、推力瓦温度突然升高、推力油槽或其他油槽甩油、机组摆度过大等不正常现象,应立即停机检查。

(7)监视水轮机主轴密封及各部位水温、水压,记录水轮机顶盖排水泵运行情况和排水工作周期。

(8)记录各部水力量测系统表计读数和机组监测装置的表计读数(如发电机气隙、蜗壳差压、机组流量等)。

(9)测量记录机组运行摆度(双幅值),其值应小于 70%轴承总间隙或符合机组合同的规定。

(10)测量、记录机组各部位振动,当振动值超过允许范围时,应进行动平衡试验。

(11)测量发电机残压及相序,观察其波形,相序应正确,波形应完好。

此外,还需要做机组空载运行下调速系统的试验。

2. 水轮机手动停机操作

(1)操作开度限制机构进行手动停机,当机组转速降至 50%~60%额定转速时,如有高压油顶起装置,手动将其投入;当机组转速降至 15%~20%额定转速(或合同规定值)时,手动投入机械制动装置直至机组停止转动,解除制动装置使制动器复位。手动切除高压油顶起装置,监视机组不应有蠕动。

(2)停机过程中应检查下列各项:

①各部位轴承温度变化情况。

②转速继电器的动作情况。

③停机过程转速和时间关系曲线。

④各部位油和油面的变化情况。

⑤各部位油罐油面的变化情况。

（3）停机后投入接力器锁锭和检修密封,关闭主轴密封润滑水。根据具体情况确定是否需要关闭进水阀。

（4）停机后的检查和调整。

①各部位螺丝、销钉、锁片及键是否松动或脱落。

②转动部分的焊缝是否有开裂现象。

③发电机上下挡风板、挡风圈、导风叶是否有松动或断裂现象。

④制动闸的摩擦情况及动作的灵活性。

⑤在相应水头下,整定开度限制机构的相应空载开度触点。

⑥必要时,调整各油槽油位继电器的位置触点。

2.1.3.3　水轮机自动开、停机操作

1. 水轮机自动开机操作

（1）确认水轮机满足以下条件:

①水轮机流道充水完成,工作闸门及检修闸门全开。

②水轮机调节系统工作正常,信号指示正确。

③主阀及控制系统工作正常。

④水轮机附属设备投入正常,信号指示正确。

⑤水力监测装置投入正常,监测信号正常。

⑥水轮机保护及自动装置正常投入。

⑦水轮发电机组具备开机条件。

（2）检查监控系统中开机条件是否满足。

（3）执行自动开机命令。

（4）监视自动开机流程动作是否正确。

（5）检查水轮机及其附属设备状态、参数是否正常。

2. 水轮机自动停机操作

（1）机组负荷满足停机条件。

（2）执行自动停机命令。

（3）监视自动停机流程动作是否正确,直至停机完成。

（4）检查水轮机及其附属设备状态、参数是否正常。

2.1.3.4　水轮机检修隔离及恢复操作

1. 水轮机检修隔离措施

（1）检查发电机电气部分检修隔离是否已完成。

（2）检查渗漏、检修排水系统工作是否正常。

（3）关闭进水口工作闸门（或主阀）并做好安全措施。

（4）排尽进水口工作闸门（或主阀）至蜗壳段流道内的积水。

（5）排尽蜗壳（配水环管）内的积水。

（6）关闭尾水管闸门。

(7)排尽尾水管积水。

(8)断开水轮机附属设备电源。

(9)关闭水轮机检修有关的油、水、气系统阀门。

(10)关闭水轮机调节系统供油总阀,必要时卸压。

(11)开启主阀至全开并投入锁锭。

(12)冲击式水轮机检修执行(1)、(2)、(4)、(7)、(8)、(9)的措施。

(13)转桨式水轮机调节系统卸压前开启桨叶至全开。

2.水轮机检修隔离措施恢复

(1)检查水轮机导轴承油槽油位是否符合规定,油色是否正常。

(2)检查渗漏、检修排水系统工作是否正常。

(3)关闭水轮机尾水管、蜗壳等流道中的门、孔、洞。

(4)关闭压力钢管(引水隧洞)、蜗壳(配水环管)、尾水管排水阀。

(5)恢复水轮机自动化元件及自动化系统至正常。

(6)恢复水轮机调节系统至正常。

(7)恢复水轮机附属设备至正常。

(8)恢复水轮机有关的油、水、气系统。

(9)开启充水阀或利用尾水倒灌对尾水管充水,充水过程中监视水轮机及附属设备漏水情况,平压后提起尾水管闸门并锁定。

(10)打开进水口工作闸门(或主阀)充水阀对压力钢管(引水隧洞)、蜗壳(配水环管)充水,检查流道各部和水轮机及附属设备的漏水情况,平压后开启进水口工作闸门(或主阀)。

(11)恢复技术供水至正常。

(12)机组电气部分恢复到备用后,即可进行机组启动试验。

2.2　发电机运行与维护

2.2.1　水轮发电机概述

2.2.1.1　水轮发电机作用及分类

1.作用

水轮发电机的主要作用是将水轮机的旋转机械能转换成电能,其结构与性能的好坏对电站的安全、稳定、高效运行起着至关重要的作用。

2.分类

(1)按布置方式不同,可分为卧式和立式两种。

卧式水轮发电机适合中小型、贯流及冲击式水轮机,一般低、中速的大、中型机组多采用立式发电机。

(2)按推力轴承位置不同,立式发电机又分为悬式和伞式两种。

推力轴承位于转子上方的发电机称为悬式发电机,它适用于转速在 100 r/min 以上。

推力轴承位于转子下方的发电机称为伞式发电机,无上导的称为全伞式,有上导的称为半伞式,它适用于转速在 150 r/min 以下。

(3)按冷却方式分,可分为空气冷却和水冷却两种。

2.2.1.2　水轮发电机组成

水轮发电机主要由定子、转子、轴承、集电环与碳刷装置、机架、制动系统及冷却系统等部件组成。

1. 定子

定子与转子是水轮发电机的主体部件,水轮发电机就是依靠定子绕组切割转子旋转磁场而发电的。水轮发电机定子主要由机座、铁芯、三相绕组等组成。铁芯固定在机座上,三相绕组嵌装在铁芯的齿槽内。发电机定子机座、铁芯和三相绕组统称为发电机定子,也称为电枢。

1)机座

机座用来固定定子铁芯,在悬式机组中它又是支撑整个机组转动部分的重要部件,主要承受轴向荷重、定子自重及电磁扭矩并传递给基础。此外,它还构成冷却风路的一部分。

2)铁芯

定子铁芯用来嵌放定子线圈,并构成电机磁路的一部分。

3)绕组

定子绕组的作用是产生感应电动势,通过电流,实现机电能量的转换。

2. 转子

转子主要由转轴、转子支架、转子磁轭和转子磁极等组成。

(1)转轴。转轴的作用是传递扭矩,并承受机组转动部分的重量和轴向水推力。

(2)转子支架。转子支架的作用是将磁轭与转轴连接起来,通常由轮毂和轮辐组成,轮毂固定在转轴上,磁轭固定在轮辐上。

(3)转子磁轭。转子磁轭用来固定磁极,同时也是电机磁路的一部分。

(4)转子磁极。转子磁极一般用 1~1.5 cm 厚的钢板冲片叠成,在磁极的两端加上磁极压板,用拉紧螺杆紧固成整体,并用 T 尾与磁轭的 T 尾槽连接。磁极的极靴部分为曲面,该曲面与电枢内圆周之间的间隙即为气隙,极靴既能固定励磁绕组、阻尼绕组,又能改善气隙主磁场的分布。磁极都是成对出现的,并沿着圆周按 N、S 的极性交错排列。

(5)励磁绕组。励磁绕组多采用绝缘扁铜线在线模上绕制而成,后经浸渍热压处理,套在磁极的极身上,励磁绕组中通过直流电流,产生极性和大小都不变的恒定磁场,在原动机的拖动下旋转,使极性和大小都不变的恒定磁场变为旋转的磁场,该旋转的磁场切割定子绕组而使定子绕组产生感应电动势。

(6)阻尼绕组。阻尼绕组是将裸铜条插入极靴孔内,再用端部铜环将全部铜条端部焊接起来,形成一个鼠笼型的绕组。阻尼绕组可以起到抑制并列运行的发电机转子振荡的作用。

3. 轴承

水轮发电机的轴承分为导轴承和推力轴承两种。

（1）导轴承。导轴承是用来承受水轮发电机组转动部分的径向机械不平衡力和电磁不平衡力,并约束轴线径向位移和防止轴的摆动,使机组轴线在规定数值范围内旋转的结构。导轴承主要由轴领、导轴瓦、支柱螺钉和托板等组成。

（2）推力轴承。推力轴承承受立式水轮发电机组转动部分的全部重量及水轮机转轮上的轴向水推力。大容量机组的轴向水推力负荷可达数千吨,所以推力轴承是水轮发电机制造上最困难的关键部件,也是运行中经常出故障的部件。推力轴承由推力头、镜板、推力瓦和轴承座等构成。

4. 集电环与碳刷装置

集电环与碳刷装置的作用是将静止的磁装置中的直流电流送到旋转的励磁绕组中,为发电机转子励磁。集电环固定在转轴上,经电缆或铜排与励磁绕组连接,直流电经碳刷正极、集电环正极、励磁绕组、集电环负极、碳刷负极形成回路。

5. 机架

机架是立轴水轮发电机安装推力轴承、导轴承、制动器及水轮机受油器的支撑部件,是水轮发电机较为重要的结构件。机架由中心体和支臂组成,一般采用钢板焊接结构,中心体为圆盘形式,支臂大多为工字梁形式。

6. 制动系统

为防止机组长时间在低转速下运行,导致推力瓦与镜板间油膜被破坏,水轮发电机组都配有制动系统,使其在停机过程中进行制动。水轮发电机主要采用机械制动,其制动系统由制动器和管路系统组成,一台发电机一般有 8 或 12 个制动器。制动器顶部有耐磨耐热材料制成的制动块,用它与转子的制动环接触使机组制动。

7. 冷却系统

大型同步发电机中损耗的功率高达数千千瓦,如不采取各种冷却措施把因功率损耗转换来的热量带走,电机的温升就容易超过绝缘材料的极限允许值,影响电机的安全运行和寿命。水轮发电机的冷却方式根据冷却介质可分为空气冷却、水冷却、氢气冷却三种。

2.2.2　发电机的巡视检查与维护

2.2.2.1　发电机运行规定

1. 水轮发电机组运行一般规定

（1）每台发电机和励磁系统及其主要部件应有制造厂家的定额铭牌。

（2）每台发电机应按照本单位规定的顺序编号,将序号明显地标明在发电机外壳上。发电机的附属设备应有相应编号,以示区别。附属设备的阀门上也应有编号和名称,并应用箭头标出开、闭的方向。

（3）发电机在安装和检修后应按现行 GB/T 7894、GB/T 8564、GB 50150、DL/T 507、DL/T 596、DL/T 827 等标准的有关规定进行发电机性能和参数试验,试验合格后方可投入运行。

（4）运行中的发电机及其附属设备、励磁系统、调速系统、计算机监控系统、冷却系统等应保持完好,保护装置,自动装置,监视、测量仪表和信号装置等应可靠、准确。整个机组应能在铭牌规定参数下带额定负荷,在允许运行方式下长期运行。发电机额定运行环境条件应满足现行 GB/T 7894 的规定。发电机及其附属设备的主要运行技术参数,应在现场运行规程中明确规定。

(5)发电机应设有机械过速保护装置,装置动作后,应使机组紧急停机。

(6)运行中的发电机,其检修、维护应符合 DL/T 817 和 DL/T 838 的规定。

(7)各类变送器和仪表、交流采样测控装置、电能计量装置等应按 DL/T 410 和 DL/T 630 的相关规定进行检定。

(8)每台发电机运行应具备下列技术资料:

①运行维护所必需的备品配件清单。

②安装维护使用的技术说明书和随机供应的产品图纸。

③安装、检查和交接试验的各种记录。

④运行、检修、试验和开停机的记录。

⑤发电机总装图、发电机各部件的组装图和各易损部件的加工图、发电机及其附属设备布置图、管路布置图和基础图、埋设部件图、操作原理图和电气接线图。

⑥发电机的相关电气试验特性曲线及发电机的其他重要计算资料等。

⑦有关发电机及其附属设备需在工地组装或加工的图纸和资料、特殊工具图。

⑧各种盘柜和自动化设备的安装布置图,发电机自动化操作和油、水、气系统图,机组消防配置系统图,发电机测量仪表配置图等。

⑨产品技术条件,产品说明书、安装使用说明书,自动控制设备调试记录,厂内各产品检查及试验记录,主要部件的材料合格证明书和焊接部件的焊接质量检验报告等。

⑩安装运行的影像资料。

⑪发电机及其附属设备的检修过程记录、试验记录。

⑫发电机及其附属设备改进部分的图纸和技术资料记录。

⑬缺陷和事故记录、主轴摆度记录、轴瓦温度记录、发电机绕组温度记录、冷热风温度记录、轴承油压记录,各部冷却水压、流量等运行记录。

⑭发电机及其附属设备的定期预防性试验及绝缘分析记录。

⑮现场运行规程、检修规程、试验规程等。

(9)发电机所有油、水、气管路的着色应符合表 2-2 的规定,并标出介质流向和文字标识。不锈钢管及难以着色管路宜用色环进行标识。

表 2-2　发电机附属管路着色规定

管道类别	颜色	管道类别	颜色
供油管	红色	气管道	白色
排油管	黄色	消防水管	红色
供水管	蓝色	污水管	黑色
排水管	绿色		

(10)发电机出线端相序排列应为:面对发电机出线端,从左至右水平方向的顺序为

U、V、W(或 A、B、C),发电机母线相序的着色分别对应黄色、绿色、红色。

(11)控制室应有发电机的油、水、气系统图,电气主接线图,厂用电系统图等。

(12)发电机中性点接地的现场运行方式,应按制造厂家及设计的规定在现场规程中明确。

(13)在规定的正常运行范围内,发电机各部位振动允许限值应符合现行 GB/T 7894、DL/T 507 的规定。

(14)水轮发电机主要部件结构的改变,应进行技术经济论证,并征求制造厂家的意见,报上级主管部门批准。

(15)水轮发电机组应按制造厂的规定进行大修,应按照国家和行业标准进行定期的预防性试验。

(16)水轮发电机组进行特殊试验、更改设备结构或更改继电保护自动装置原理和接线,均应有正式批准的方案和图纸。

(17)继电保护、自动装置及仪表整定值,任何人不得随意更改,定值修改必须有生产技术处下发的定值修改通知书,由专业人员完成,并报省调度局备案。

(18)设备检修后,检修人员应将检修情况及各种试验数据填写在检修交代本内,并向运行值班人员交代清楚,运行值班人员在认真阅读检修交代记录后,对检修设备进行全面检查,并会同检修人员进行必要的启动操作试验。

(19)水轮发电机组正常运行时,机组应躲过振动区域运行,并做到经济合理地分配负荷。

(20)运行中机组连续发生强烈振动,应及时联系集控中心/调度调整机组运行参数脱离振动区,在机组发生冲击时,应及时监视发电机运行参数的变化,并检查机组各部有无异常。

(21)当机组运行在正常工作水头范围内,机组振动或摆度超过允许值时,应调整机组运行工况以减小振动,加强监视并分析原因;否则,需经主管生产副厂长批准后方可运行,但必须加强机组轴承摆度和轴承温度监视,若遇异常立即进行处理或停机。

(22)按巡回检查制度定期对机组进行全面检查,并根据机组运行的实际情况(如有缺陷、过负荷运行、受气候变化影响等)适当增加机动巡回次数。

2. 发电机本体运行一般规定

(1)新投产的发电机应进行温升试验,转子绕组、定子绕组及定子铁芯的最高允许运行温度,应根据温升试验的结果来确定,并符合绝缘等级和制造厂家的规定。发电机投入运行后,未进行温升试验前,不允许超过额定值运行,同时也不宜无依据地限制容量。

(2)空气冷却及内水冷却的发电机在现行 GB/T 7894 规定的使用环境条件及额定工况下运行,其定子、转子绕组和定子铁芯等的温升限值应不超过表 2-3 的规定。

(3)当发电机组铭牌设置最大容量时,发电机应允许在最大负荷下连续安全运行。最大负荷时的功率因数、定子和转子最大工作电流及发电机各部位温度,应按制造厂家的规定在现场运行规程中明确。

(4)发电机转子绕组和励磁一次回路绝缘电阻在室温 $10\sim40$ ℃用 500 V 绝缘电阻测量时,绝缘电阻值不小于 0.5 MΩ。测量时,应将转子一点接地保护退出。

表2-3 空气冷却及内水冷却发电机定子、转子绕组
和定子铁芯等部件的温升限值
单位:K

发电机部件	不同等级绝缘材料的最高允许温升限值					
	B 级(130 ℃)			F 级(155 ℃)		
	温度计法	电阻法	检温计法	温度计法	电阻法	检温计法
空气冷却的定子绕组	—	80	85	—	105	110
定子铁芯	—	—	85	—	—	105
内水冷却定子绕组的出水	25	—	25	25	—	25
两层及以上的转子绕组	—	80	—	—	100	—
表面裸露的单层转子绕组	—	90	—	—	110	—
不与绕组接触的其他部件	这些部件的温升应不损坏该部件本身或任何与其相邻部件的绝缘					
集电环	75	—	—	85	—	—

注:定子和转子绝缘应采用耐热等级为 B 级(130 ℃)及以上的绝缘材料。

(5)发电机定子绕组绝缘电阻测量,应根据被测绕组的额定电压按表2-4 选择绝缘电阻表。绝缘电阻值在换算至 100 ℃ 时,应不小于按式(2-1)计算的数值。

表2-4 绝缘电阻表规格选择标准

被测绕组额定电压 U_N/kV	绝缘电阻表电压/V
6. 3 ≤ U_N ≤ 10. 5	2500
10. 5 < U_N ≤ 15. 75	5 000
U_N > 15. 75	5 000 ~ 10 000

$$R = \frac{U_N}{1\ 000 + \dfrac{S_N}{100}} \qquad (2\text{-}1)$$

式中 R——对应温度为 100 ℃ 的绕组热态绝缘电阻计算值,MΩ;

U_N——发电机额定电压,V;

S_N——发电机额定容量,kV · A。

在室温 t(℃)测量的定子绕组绝缘电阻值 R_t(MΩ)可按式(2-2)修正:

$$R_t = R \times 1. 6^{(100-t)/10} \qquad (2\text{-}2)$$

发电机定子绕组的极化系数 R_{10}/R_1(R_{10} 和 R_1 为在 10 min 和 1 min、温度为 40 ℃ 以下分别测得的绝缘电阻值)应大于 2. 0。当极化系数或绝缘电阻不合格时,应分析并查明原因。

(6)机组机械制动投入时的转速应按照制造厂家的规定进行整定。

（7）经过改造后出力提高的发电机，应根据温升试验和其他必要的试验，以及进行技术分析鉴定确定提高出力后的运行数据。发电机超出力运行时，应考虑发电机及其附属设备、励磁系统、有关电气设备等的额定容量适应性。

（8）水电站应根据制造厂家的规定与实际运行经验，确定发电机各部轴瓦报警和停机的温度值，报警时应迅速查明原因并消除。发电机在正常运行工况下，其轴承的最高温度应采用埋置检温计法测量，不宜超过下列数值：

①推力轴承巴氏合金瓦：80 ℃。

②导轴承巴氏合金瓦：75 ℃。

③推力轴承塑料瓦体：55 ℃。

④导轴承塑料瓦体：55 ℃。

⑤座式滑动轴承巴氏合金瓦：80 ℃。

（9）用于轴承的涡轮机油，其物理和化学特性应符合现行 GB 11120 的规定，并满足设备技术条件的要求。发电机各轴承油槽运行油面和静止油面的位置，应按制造厂家的要求分别标出。

（10）有对地绝缘要求的发电机的推力轴承、导轴承、座式滑动轴承及埋置检温计的绝缘电阻值应符合 GB/T 7894—2009 中 8.1.6 的规定。

（11）外循环润滑冷却（强油循环）的发电机轴承，油压应按制造厂家的规定执行，循环油泵及其电源均应有备用。

（12）发电机推力轴承应设置防止油雾溢出和甩油的可靠密封装置。位于非驱动端的推力轴承和导轴承应设置防止轴电流的可靠绝缘。发电机宜设置防止发电机轴承系统绝缘损坏的轴电流监测保护装置或轴承系统绝缘监测保护装置。

（13）推力轴承和导轴承，当其油冷却系统冷却水中断后，允许机组无损害继续运行的时间应符合制造厂家的规定。

（14）浸油式推力轴承和导轴承的油槽油温允许值，应按制造厂家的规定执行。制造厂家无规定的，采用巴氏合金瓦的推力轴承和导轴承自循环冷却油槽油温不应低于 10 ℃，采用弹性金属塑料瓦的推力轴承和导轴承自循环油槽油温不应低于 5 ℃，运行时热油温度不超过 50 ℃；强迫外循环润滑油油温不应低于 15 ℃，否则应设法加温。

（15）采用巴氏合金瓦的推力轴承和导轴承，在油槽油温不低于 10 ℃时，应允许发电机组启动，并允许发电机在停机后立即启动和在事故情况下不制动停机，但此种停机一年之内不宜超过 3 次。

（16）弹性金属塑料推力瓦应符合现行 DL/T 622 的规定，并符合以下要求：

①在每年运行时间 5 000 h 以上和开停机 1 200 次以下的情况下，弹性金属塑料推力瓦的使用年限不少于 15 年。

②当瓦体温度不超过 55 ℃时，允许长期运行，瓦体温度达 55 ℃时报警，达 60 ℃时停机。

③运行中，当油冷却系统冷却水中断后，若瓦体温度不超过 55 ℃、油槽的热油温度不超过 50 ℃，推力瓦应能继续运行，其允许运行时间由制造厂家确定；在此期间，应密切监视油温、瓦温变化情况，恢复冷却水时，应缓慢调整至正常压力。

④当油槽热油温度不超过 50 ℃时,允许弹性金属塑料推力瓦长期运行;油槽热油温度达 50 ℃时报警,达 55 ℃时停机。

⑤当油槽热油温度不超过 40 ℃时,瓦温的报警和停机整定值分别比热油温度高出 10~15 ℃和 15~20 ℃。

⑥采用外循环冷却的弹性金属塑料推力瓦,不允许断油运行。

⑦弹性金属塑料推力瓦允许机组惰性停机,但每年不加闸惰性停机的次数不应超过 3 次,且转速下降到平均线速度为 1 m/s 时的持续运行时间不应超过 15 min。

(17)采用弹性金属塑料推力瓦,顶转子停机间隔时间应满足制造厂家的规定。厂家无规定的,在充油后机组首次启动前应先顶起转子,以后机组若每次停机时间超过 5~7 d,启动前应顶起转子。

(18)发电机在运行中,功率因数变动时,应使其定子和转子电流不超过在当时进风温度下所允许的数据。发电机组正常运行中应在励磁系统"电压"闭环控制方式下滞相运行,不允许采取恒无功等其他控制方式,若因系统调整电压需要发电机进相运行,必须严格按运行规程规定执行。

(19)运行机组计算机监控系统严禁采用无功闭环控制方式,运行值班人员手动调整电压后,应立即退出无功闭环控制方式。

(20)发电机组运行中电压变动范围在额定电压的 +5%~5% 以内而功率因数为额定值时,其额定容量不变。

(21)发电机连续运行的最高允许电压应遵守制造厂家的规定,但最高不得大于额定值的 105%;发电机的最低运行电压,一般不得低于额定值的 95%;定子电流长期运行允许的数值,不得大于额定值的 105%。

(22)每周用红外线测温仪测发电机励磁滑环温度,滑环温度不得超过 80 ℃,若超过规定值,应汇报值长及相关领导。

2.2.2.2　发电机的巡视检查

1.发电机巡视检查要求

(1)发电机所有监视仪表、定子绕组、定子铁芯、进风、出风,发电机各部轴承的温度、振动及润滑系统和冷却系统的油位、油压、水温、水压、流量等的检查,应根据设备运行状况、机组运行年限、记录仪表和计算机配置等具体情况在现场运行规程中明确。

(2)发电机及其附属设备应定期进行巡视和检查。特殊运行方式或不正常运行情况下,应增加巡视和检查频次。在发生短路故障后,应组织对发电机进行检查。对新投入或检修后的发电机,第一次带负荷时应增加巡视和检查频次。

(3)发电机润滑、轴承及冷却水系统的定期试验、切换、清扫、排污等维护工作项目和周期,应在现场运行规程中明确。

(4)发电机开始转动后,应认为发电机及其全部设备均已带电。

(5)发电机在过负荷运行时应增加检查频次,注意监视电压、电流、各部位温度、振动、摆度在规定范围内。

(6)水轮发电机组压油装置,推力、水导油槽排油检修或消缺,重新注油后,应每天监视相关管路有无漏油和机组各部油位变化是否正常,监视时间为 1 周。

2. 发电机巡视检查项目

(1)上位机、下位机机旁监控盘运行正常,机组状态显示正常,机组运行参数显示正常。

(2)发电机保护装置运行正常,信号指示正确,机组各保护投入正确,无报警信号。

(3)机组故障录波装置运行正常,无异常和告警信号。

(4)发电机运转声音正常,无异音、异味和异常振动。

(5)机组制动柜制动气压正常,各电磁阀位置正确,测速装置运行正常,转速信号正确。

(6)机组轴电流监测装置运行正常,发电机轴电流小于规定值。

(7)机组振动摆度测量装置运行正常,各部位振动摆度正常。

(8)发电机引出线连接处及中性点连接片无过热现象。

(9)集电环应定期巡视检查以下项目:

①集电环上碳刷的打火情况。

②碳刷在刷框内应能自由上下活动(一般间隙为 0.1~0.2 mm),碳刷应无摇动、跳动或卡住的情形,碳刷不过热。

③碳刷连接软线是否完整,接触是否良好,有无发热的情况。

④碳刷与集电环接触面不应小于碳刷截面的 75%。

⑤碳刷一般不短于全长的 2/3,否则需更换。

⑥刷框和刷架上有无灰尘积垢。

(10)发电机进相运行时,应巡视检查以下项目:

①励磁系统运行正常,调节器在自动方式,最大进相无功在试验确定的允许范围内。

②升压站高压母线电压、机端电压以及厂用电电压正常。

③发电机定子端部绕组温度、定子铁芯温度正常。

④定子电流未超过额定值。

⑤励磁电流未超过额定值。

3. 发电机巡视检查实例

现以某水电厂发电机为例,说明发电机巡视检查的内容及要求。

(1)机组置于"远方"控制方式运行,机组监控画面中设备状态、参数显示与实际工况相符。

(2)监控系统开入、开出屏内模件指示灯指示正确,无软件、硬件故障报警。

(3)机组现地控制单元(LCU)电源屏各空气开关投入正确,电源指示正常。

(4)机组保护装置无报警信号,各继电器无抖动等异常现象;保护联片位置正确。

(5)测速装置信号指示正确;交直流电源投入正常且相应指示灯指示正确。

(6)励磁屏各表计、指示灯指示正确,电源投入正常,励磁功率柜输出平衡、风机运转正常,调节器输出稳定,装置无限制和报警信号。

(7)机旁动力电源电压正常,备用电源自动投入装置(BZT)投入,负荷开关投入正常。

(8)制动装置进气侧压力表指示为 0.55~0.70 MPa,各阀门位置正确,制动方式在

"自动加闸"状态。

　　(9)各压力传感器、压力开关完好。

　　(10)碳刷与滑环接触面不小于碳刷截面的75%且接触良好,软线接线连接完好,无火花,引线无发红现象,在刷握中所受弹力适当,无摇摆及发卡现象,碳刷磨损在允许范围内。

　　(11)中性点刀闸投入,消弧线圈、机组母线及其连接处、各穿墙套管无放电、过热等异常现象。

　　(12)电压互感器刀闸投入,一、二次保险完好,电压互感器本体无放电、过热等异常现象。

　　(13)机组出口刀闸投入。

　　(14)纯机械过速装置各阀门和空气开关位置正确;永磁机运行无异音和绝缘焦臭味,电气接线完好。

　　(15)机组风洞内无绝缘焦臭味和异常情况,清洁无杂物,各冷却器阀门位置正确,其进水水压满足要求,温度正常,无漏水现象,空气冷却器冷、热风温度传感器完好,无松动、脱落现象。

　　(16)推力轴承油槽油面、油色正常,内部无异音,各部无漏油、甩油现象,轴承温度正常,推力支架振动在规定范围内。

　　(17)风闸全部落下至最低位置,无跳动现象,闸块位置信号显示正确。

　　(18)技术供水系统各电动阀、手动阀位置正确,各部水压表指示正常、示流器指示正常,压力传感器测量水压正常,压力开关工作正常,各部无漏水现象。

　　(19)各油、水、气管路无漏油、漏水、漏气现象;发电机消防水阀门位置正确,管路及阀门无漏水现象。

　　(20)励磁变温度正常、刀闸投入,且无异音、过热等现象,励磁变风机测温电源投入。

2.2.2.3　发电机的维护

　　(1)各类变送器和仪表、交流采样测控装置、电能计量装置等应定期进行检定。

　　(2)发电机润滑、轴承润滑及冷却水系统应定期进行试验、切换、清扫、排污等维护工作。

　　(3)定期对碳刷弹簧压力和集电环温度进行检测,集电环表面应无变色、过热现象,其温升应满足规定。

　　(4)定期对碳刷进行检查与更换。检查碳刷时,可按顺序将其由刷框内抽出;需要换碳刷时,在同一时间内,每个刷架上只许换一个碳刷;对于大型机组,刷架在运行中可抽出一组进行更换。大型机组应配有碳粉收集装置,并定期检查其工作情况和定期取出碳粉。换上的碳刷应研磨良好并与集电环表面吻合,且新旧碳刷型号应一致。发电机运行中,由于集电环或碳刷表面不清洁造成碳刷打火时,宜在停机后进行处理。

　　(5)定期对发电机及其附属设备进行预防性试验及绝缘分析记录。

　　(6)采用巴氏合金瓦推力轴承的立式机组在停机期间,轴承应进行相应维护,维护要求如下:

　　①隔一定时间(新机组停机24 h,运转90 d后性能良好的机组停机72 h,运转1年后

性能良好的机组停机 240 h)空载转动 1 次,或用油泵将机组转子顶起 1 次。

②当停机超过上述规定时间或油槽排油检修时,在机组启动前,应用油泵将转子顶起,使推力瓦与镜板间形成油膜。

③立式发电机的推力轴承采用高压油顶起或电磁吸力减载方式时,应按规定的启动程序启动。

④装有高压油顶起装置的发电机推力轴承,应安装两台互为备用的高压油泵,其装置配有两套可靠的工作电源。

(7)采用弹性金属塑料推力瓦的立式机组,顶转子停机间隔时间应满足制造厂家的规定。厂家无规定的,在充油后机组首次启动前应先顶起转子,以后机组若每次停机时间超过 5~7 d,启动前应顶起转子。

2.2.3　发电机的操作

2.2.3.1　发电机的运行方式

发电机的运行方式分为正常运行方式和特殊运行方式两种。

1. 发电机的正常运行方式

(1)发电机在额定参数下长期连续运行,运行期间电压和频率的变化应符合 GB/T 7894—2009 的规定。

(2)发电机额定频率为 50 Hz,正常运行频率偏差应符合所属电网电力调度机构的要求。

(3)在下列情况下,发电机可按额定容量运行:

①在额定转速及额定功率因数时,电压偏差不超过额定值的±5%。

②在额定电压时,频率偏差不超过额定值的±1%。

③在电压偏差不超过±5%和频率偏差不超过±1%,且均为正偏差时,两者偏差之和不超过 6%;若电压与频率偏差不同时为正偏差,则两者偏差的百分数绝对值之和不超过 5%。

④当电压与频率偏差超过上述规定值时应能连续运行,此时输出功率以励磁电流不超过额定值、定子电流不超过额定值的 105%为限。

(4)发电机连续运行的最高允许电压应遵守制造厂家的规定,但最高不得大于额定值的 110%。发电机的最低运行电压应根据稳定运行的要求来确定,一般不应低于额定值的 90%。如果发电机电压母线有直接配电的线路,则运行电压应满足用户要求,此时定子电流的大小,以转子电流不超过额定值为限。

(5)在满足电网安全稳定的条件下,允许用提高功率因数的方法把发电机的有功功率提高到额定视在功率运行。

2. 发电机的特殊运行方式

发电机的特殊运行方式有调相及进相运行两种。发电机的调相运行是指发电机并在系统上进行空载电动机运行,向系统输送无功功率,同时从系统吸收很少的有功功率用于克服空载损耗和励磁损耗,以维持额定转速运转。发电机的进相运行是指发电机工作在欠励状态,此时发电机向系统发出有功功率,吸收无功功率,功率因数处于超前状态。

（1）发电机能否进相运行应遵守制造厂家的规定，并通过温升试验确定。进相运行深度应根据发电机端部结构件的发热和在电网运行的稳定性及进相试验确定。

（2）发电机进相运行应满足下列限制条件：

①系统稳定性的限制。

②定子端部温升的限制。

③定子电流的限制。

④厂用电电压的限制。

⑤升压站高压母线电压波动的限制。

（3）允许进行调相运行的发电机在调相运行时，其励磁电流不应超过额定值。

（4）承担调峰、调频运行的发电机，应适当增加对线棒绝缘和线棒槽内的检查频次。

3. 水轮发电机组的状态

水轮发电机组可能的状态有检修、停机、空转、空载、发电五种状态。

1）机组检修状态

机组检修状态特征是：

（1）机组已停机。

（2）机组出口隔离刀闸在断开位置。

（3）机组出口开关在断开位置。

（4）机组出口开关柜上的储能开关已拉开。

（5）机组出口电压互感器隔离刀闸已拉开。

（6）发电机励磁系统已退出备用。

（7）机组现地单元（LCU）已退出备用。

（8）机组继电保护屏已退出备用。

（9）机组调速器及压油装置已退出备用。

（10）机组主阀及配套设备已退出备用。

（11）机组冷却水阀门已关闭。

（12）机组蜗壳排水阀全开。

2）机组停机状态

机组停机状态特征是：

（1）发电机出口开关（断路器）在分闸状态。

（2）灭磁开关在分闸状态。

（3）机组转速为零。

（4）无安全措施。

3）机组空转状态

机组空转状态特征是：

（1）机组已恢复备用。

（2）机组开机后处于额定转速运转。

（3）励磁系统未投入励磁（对于三相半控桥式整流电路，灭磁开关处于分闸位置；对于三相全控桥式整流电路，灭磁开关可处于合闸位置，但其触发角度不在 0°～90° 整流位置）。

（4）发电机出口开关（断路器）在分闸状态。

4）机组空载状态

机组空载状态特征是：

（1）机组已运行在"空转状态"。

（2）励磁系统已投入励磁（对于三相半控桥式整流电路，灭磁开关处于合闸位置；对于三相全控桥式整流电路，灭磁开关处于合闸位置，其触发角度在 $0° \sim 90°$ 的整流位置），发电机机端电压为 90% 左右的额定电压。

（3）发电机出口开关（断路器）在分闸状态。

5）机组发电状态

机组发电状态特征是：

（1）机组已运行在空载状态。

（2）发电机出口开关（断路器）已合上。

除了上述五种状态，其他状态通称为"不定态"。

2.2.3.2　发电机运行操作的相关规定

1. 发电机运行操作一般规定

（1）发电机的运行操作应符合现行 GB 26164.1、GB 26860 的安全工作规定。

（2）新安装投运或 A 级、B 级检修后的机组启动，应按现行 DL/T 507 的规定编制启动试运行大纲，经总工程师或分管生产的领导批准后进行，试验合格后方可投入正常运行。

（3）发电机制动系统不正常时不应开机，机组开、停机不应长时间低转速运行。

（4）发电机各保护连接片应在规定位置，发电机不应无保护运行。

（5）发电机 A 级、B 级检修或长期停运，以及发电机出口断路器、灭磁开关作业后，在重新启动前，应进行发电机断路器及自动灭磁开关的分、合闸试验（包括两者间的连锁），水机保护联动发电机断路器的动作试验。

（6）发电机检修后测量发电机定子回路的绝缘电阻，可以包括连接在该发电机定子回路上不能用隔离开关拉开的各种电气设备，其绝缘电阻值不进行规定；当定子绝缘电阻值测量的结果较历年正常值有显著降低时，应查明原因并消除。对励磁系统设备绝缘电阻的测量，按现行 DL/T 489 的规定进行。

（7）发电机启动试验过程中出现的问题和存在的缺陷，应及时处理和消除后方可继续试运行。

（8）水电站启用自动发电控制、自动电压控制功能的计算机监控系统，应对发电机的开停机、负荷分配和电压变化等进行自动控制和调整，并符合现行 DL/T 578 和电力调度机构的要求。

（9）在发电机检修完毕及新投运，或者发生故障跳闸后没有找到明显的故障点等特殊情况下，发电机应进行零起升压。

（10）正常情况下，宜优先停运连续运行时间最长的机组。

2. 水轮发电机组投入运行前必须具备的条件

（1）应进行试运行，期限由主管生产副厂长决定，试运行前运行值班人员应熟悉有关要求、注意事项及操作规定。

（2）现场设备标志齐全，介质流向清楚。

（3）有关单位应向运行值班人员进行技术性讲解。

（4）具有正确、完整的控制原理图及设备使用说明书。

（5）具有新设备运行规程。

（6）具有完备的保护装置并启用。

3. 检修后的发电机在启动前的准备工作

（1）收回启动机组全部检修工作票，拆除所设安全措施（如短路接地线、标示牌、临时遮栏等），检查蜗壳、尾水管进人孔门、蜗壳排水阀、尾水管排水阀关闭是否严密，并确认转动部分无异物，无人作业，关闭风洞门。

（2）油、水、气系统工作正常。

（3）调速系统工作正常。

（4）励磁系统工作正常。

（5）机组顶转子 1 次。

（6）尾水闸门、进水主阀（进水口工作闸门）全开。

（7）发电机出口断路器、灭磁开关自动分、合闸试验正常。

（8）测量发电机定子绕组、转子绕组、励磁变压器、励磁电缆等绝缘电阻合格。

（9）发电机各辅助设备动力电源、操作电源、控制电源正常并投入。

（10）发电机保护、水机保护及自动装置检查试验正常并投入。

（11）制动闸退出。

（12）检修密封退出。

2.2.3.3　水轮发电机组开机操作

1. 机组手动开机操作

机组以自动开机操作为基本方式。自动开机过程中应监视流程执行的正确性。如检修后机组启动试验不成功，应查明原因，待处理正常后再进行开机；如系统紧急需要，应手动辅助开机，并做好记录。发电机 A 级、B 级检修后，首次启动试验的机组，应采用手动开机，机组手动开机流程如下。

1）检查机组开机条件

（1）机组在停机状态（导叶全关、转速≤5%额定转速）。

（2）水轮机主阀在全开位置，主阀开启位置指示灯亮（主阀也可在开辅机过程中开启）。

（3）机组无事故，事故继电器未动作。

（4）制动闸已全部落下，复归指示灯亮，制动系统气压正常（0.4~0.7 MPa）。

（5）发电机励磁的灭磁开关在断开位置（此情况仅适用于整流桥采用三相半控桥式整流电路的励磁系统，对于整流桥采用三相全控桥式整流电路的励磁系统，因灭磁方式通常采用逆变灭磁，因此其灭磁开关一般无须断开），励磁电压接近于零。

(6)接力器锁锭已拔出。

(7)继电保护和自动控制回路确认已验收合格。

(8)开机准备工作就绪,开机准备指示灯亮。

2)开辅机

(1)投入冷却水、润滑水、密封水,检查各阀门位置正确,流量、水压正常。

(2)投入气系统,检查各阀门位置正确(如各补气阀、真空破坏阀在复位状态),无漏水现象,气压正常。若有主轴围带密封,需排气将密封退出。

(3)投入油系统,检查各阀门位置正确,推力、上导、下导及水导油槽油位、油温、油质正常;检查油压装置油压、油位、油质正常;打开调速器总供油阀。

(4)对于新装机组或大修机组,为重新在推力瓦与镜板之间形成油膜,需按运行规程规定进行顶转子操作。

(5)主阀操作:

若机组开机前,主阀未全开,还需进行开主阀操作,具体流程如下:

①开主阀前,必须先手动拔出人工锁锭。

②主阀开启前,先开旁通阀、向蜗壳充水,到主阀两边平压为止。

③平压后主阀若为球阀,开启前必须使球阀的工作密封退出;主阀若为蝶阀,且采用空气围带密封的,开启前须先排出空气围带中的压缩空气。

④主阀开启操作可在中控室或机旁进行。第一次操作必须按操作票手动进行。主阀全开,开启位置指示灯亮。

⑤进水主阀全开后,将旁通阀关闭。

注意:主阀操作也可依程序自动完成。

3)将导叶/喷针开至空载开度,机组升转速至额定值

检查调速器各阀门位置正确,将调速器"手/自动切换"手柄切至手动位置。检查接力器锁锭在拔出状态,调整调速器开度至"空载",机组转速升至额定值。

对于发电机 A 级、B 级检修后,首次启动试验的机组,手动开机时,用调速器手动方式开启导叶,待机组开始转动后,将导叶关回,检查并确认机组转动与静止部位之间无摩擦或碰撞情况。确认各部位正常后,手动开启导叶缓慢升速并监听发电机各部位的声音,严密监视各部位轴承温度,检查轴承润滑、冷却系统工作情况及机组各部位振动摆度情况,并按现场规定记录。当发电机转速达到额定转速的50%时,应暂停升速,检查各部位运行情况,如有异常,应设法消除。检查无异常后,继续增大导叶开度;在转速达到额定值时,应检查主轴摆度,轴承油压、油流、油温和瓦温及冷却介质泄漏等情况,不应超过有关规定。

4)投入励磁装置,发电机升压

若选用准同期并列方式,则当机组转速升至90%额定转速左右时,合上发电机灭磁开关 MK 起励(对于三相全控桥式整流电路,正常停机时灭磁开关仍处于合闸位置,仅需按下启励按钮即可),并调整励磁使发电机电压逐步升压至额定电压。升压时,应注意如下事项:

(1)发电机升压过程中,对发电机电压的增加速度不进行规定,可以立即升至额定

值,制造厂家有规定者按其规定执行,同时应注意三相定子电流均等于或接近于零。

(2)升压过程中,应防止空载电压过高。发电机在额定转速、额定电压时,应检查励磁电流的调节手柄是否在空载位置,同时比较此时的励磁电流和电压值是否与正常空载值相近。

(3)三相定子电压值大小应平衡。

5)投入同期装置

当采用准同期发电机并列方式时,发电机电压升高到额定电压的90%左右,投入同期装置。同期装置的作用是:比较待并发电机与待并电网电压差、频率差是否满足要求,若电压差不满足要求,则向励磁装置发出调节命令;若频率差不满足要求,则向调速装置发出调节命令,直至电压差、频率差均满足要求;当相角差满足要求时,准同期装置发出发电机出口断路器合闸命令。

发电机的同期(并列)方式、准同期并列条件及并列方式具体如下:

(1)发电机同期(并列)方式

发电机同期(并列)方式有准同期与自同期两种。

①准同期。是指当发电机转速接近额定转速后,先加励磁建立发电机电压,调整发电机与系统满足准同期并列条件后再合上断路器与系统并网的方式。采用准同期的优点是冲击电流小,缺点是操作复杂、技术要求高。

②自同期。自同期是指当发电机转速接近额定转速时(相差±2%),在不加励磁的情况下,先合上发电机的主断路器,然后合上灭磁开关MK加励磁的并网方式。采用自同期的优点是操作简单,在系统发生故障情况下,备用机组可迅速并入系统,但并网时冲击电流较大。

发电机的同期方式一般采用准同期。

当发电机端电压升至90%额定电压时,投入准同期装置准备并列。并列工作必须由正值以上的运行人员担任,以防止操作不当,造成非同期合闸事故。同期操作时,由电压差表、频率差表、同期表、同期闭锁继电器监视。

(2)准同期并列必须满足的条件:

①待并发电机的电压与电网(系统)电压相等,其偏差不大于额定电压的±5%;

②待并发电机的频率与电网频率相等,其频率偏差不大于±0.25 Hz;

③待并发电机与电网相位相同,其偏差在±10°相位角以内。

发电机暂态电抗很小,系统与待并发电机两者较小的电压差将会造成较大的冲击电流。若偏离了上述四个条件,进行非同期并列,在很大的冲击电流作用下会造成事故,严重时会烧坏发电机,甚至扭断主轴。

6)合上发电机出口断路器,发电机并列

当机组满足准同期并列条件后,准同期装置发出合闸命令,合上发电机出口断路器。

机组并列应以自动准同期为主,当自动准同期故障时,也可采用现地手动准同期并列。发电机-变压器组单元接线的发电机并列(中间无断路器隔离)可通过主变压器高压侧与电网并列,并列前应将该主变压器中性点接地,并列后主变压器中性点接地运行方式按电力调度机构和现场运行规程的规定执行。

7)调整有功、无功至给定值

发电机并入电网后,有功负荷增加的速度应按电力调度机构的规定执行。增加负荷时,应注意监视发电机冷却介质温升、铁芯温度、绕组温度及碳刷、励磁装置工作情况等。

2. 机组自动开机(一键开机)

1)开机前的检查

(1)开调速器总供油阀,拔出接力器锁锭。

(2)将调速器手动、自动切换手柄切换到自动位置。

(3)机组启动前准备工作就绪,开机条件具备,开机准备灯亮。

2)一键开机

由运行人员在上位机或者现地监控单元上发出开机命令,计算机监控系统将按设定好的程序自动实现机组开机、并网发电,即"一键开机"。在整个开机过程中,运行人员应密切注意机组情况,加强现场的监视检查。

2.2.3.4　水轮发电机组停机操作

机组停机应以自动停机为基本操作方式。自动停机一般在中控室操作,停机过程中应监视自动停机流程执行的正确性,若自动停机不成功,应手动辅助停机。

1. 机组正常手动停机操作

(1)接到停机命令后,进行卸负荷。

即关小导叶开度至"空载"位置(减有功负荷至最小),减小励磁电流(无功负荷)至最小。

(2)当有功、无功减至最小后,拉开发电机主断路器。

对于发电机-变压器组单元接线中无断路器隔离的发电机,应拉开发电机-变压器组高压侧断路器。对于 220 kV 系统中容量在 200 MV·A 以下的单元接线发电机-变压器组,解列前应将未接地的变压器中性点投入。

(3)降低发电机电压至零/最小,拉开灭磁开关(对于采用三相全控桥式整流电路的机组,常采用手动逆变灭磁,正常停机一般无须拉开灭磁开关)。

(4)关闭导叶至"全关"位置。

(5)待转速降至规定值时,投入电气制动或机械制动。

机组若仅采用机械制动,一般在转速降至额定转速的 35% 左右时投入机械制动,也即风闸制动。部分水电厂因采用耐磨性好的材料作为推力瓦(如采用弹性塑料瓦),其机组投入机械制动的时间一般在额定转速的 15% 左右。

机组若采用电气制动与机械制动相配合的混合制动方式,则一般在机组转速降低到额定转速的 50%~70% 时,投入电气制动;转速降到额定转速的 15% 左右时,投入机械制动。

(6)停辅机。

关闭冷却水;关闭密封水;围带密封充气,投入围带密封;投导叶锁锭,关闭发电机通风机。

(7)向值长汇报。

采用微机监控的水电站,上述停机程序可由运行人员在上位机或者现地监控单元上以一个停机命令完成,即"一键停机"。

注意:

(1)不同水电站的机组停机操作步骤大致相同,但不同的控制方式、机组形式等因素导致机组停机过程有些不相同,应具体参照现场运行规程。

(2)机组在调相工况运行停机时,应先将转轮室内空气排掉再停机。

2.机组事故停机

机组事故停机依据事故的严重程度不同分为事故停机、紧急事故停机及手动紧急事故停机三种。

1)事故停机

当发电机在运行中发生下列故障时,机组应能自动进行事故停机。

(1)发电机电气事故,发电机保护动作。

(2)机组事故(如轴承温度过高,达到 75 ℃;调速器事故低油压等)。

机组发生上述故障时,相应的保护动作,自动跳开发电机主断路器、灭磁开关,机组进行事故停机,并发出事故停机信号。

2)紧急事故停机

当发电机在运行中发生下列故障时,机组应能够自动进行紧急事故停机。

(1)机组过速达到飞逸转速(一般为 140% 额定转速左右)。

(2)在事故停机过程中剪断销剪断。

紧急事故停机除自动跳开发电机主断路器、灭磁开关,机组做事故停机并同时发出紧急事故停机信号外,还应关闭机组主阀。

3)手动紧急事故停机

当发生下列情况时,运行人员应立即关闭导叶、降低励磁、将发电机与系统解列,并进行手动紧急事故停机。

(1)机组发生强烈的振动和严重的异响。

(2)发电机引出线电缆爆炸或接头发热冒烟。

(3)水轮机严重漏水,压力水管破裂,危及机组安全。

(4)发电机定子、转子冒烟着火。

(5)发生人身事故或自然灾害。

应特别注意的是,事故停机、紧急事故停机、手动紧急事故停机时,运行人员应根据仪表、断路器位置指示、断路器分闸弹簧张紧程度等综合判断断路器确已分闸,机组转速确已降至 $35\% n_e$ 以下方能刹车制动。若发电机出口断路器未分开而贸然刹车制动,强大的气隙旋转磁场将在转子轮毂、铁芯、阻尼绕组上感生涡流并严重发热,可能引起发电机燃烧的严重后果。

事故停机或紧急事故停机后,运行人员不应立即将保护复归,而应及时报告上级领导或调度等待处理,并做好记录。事故停机后,应进行全面检查分析,找出原因,进行处理。

2.2.3.5　机组大修做措施及措施恢复

1. 机组大修做措施

(1)机组停机正常后,拉开发电机出口刀闸及其操作电源。

(2)拉开发电机灭磁开关及其操作电源。

(3)拉开发电机机端电压互感器刀闸,取下机端电压互感器的一、二次保险。

(4)拉开机组中性点刀闸,拉开励磁变低压侧刀闸。

(5)测量机组定、转子和励磁变高、低压侧绝缘。

(6)励磁系统退出运行。

(7)保护装置退出运行。

(8)停用机组蜗壳滤水器,关闭技术供水各部阀门。

(9)关闭机组工作闸门/主阀,做好防误开工作闸门/主阀措施。

(10)压力钢管排压后,通知检修落下尾水闸门。

(11)开启蜗壳放空阀和尾水放空阀,启动检修泵将尾水管内积水排空。

(12)监控系统退出运行。

(13)根据大修工作票完善安全措施。

注意:若尾水水位低于蜗壳底板高程,也可先开启蜗壳放空阀自流排水至与尾水水位持平后,再落下尾水闸门,减少用排水泵排水时间。

2. 机组大修措施恢复

(1)收回有关工作票,拆除所有安全措施(接地线、短路线、标示牌、临时遮栏),恢复常设遮栏及标示牌。

(2)检修人员对检修及试验情况已向运行详细交代。

(3)机组各部清扫完毕,发电机空气间隙已测量及调整,各部卫生良好。

(4)机组所有照明齐全良好。

(5)推力、水导轴承油槽油位符合规定,油色正常。

(6)机组漏油泵及其控制装置投入正常。

(7)压油装置充油完毕,恢复压油装置正常工作并对其进行相关试验验收。

(8)水轮机尾水管、蜗壳人孔门关闭严密,所有吊物孔洞全部封盖。

(9)尾水放空阀、蜗壳放空阀关闭严密。

(10)各机组动力电源、交直流控制电源及信号电源投入良好,电压正常。

(11)在检修人员配合下,手动对导叶进行 1~2 次无水状态下的全行程操作试验。

(12)恢复机组制动系统、空气围带,进行手、自动试验,将制动系统投入运行。

(13)分别用主用及备用水源做技术供水系统充水试验,电动阀动作可靠、手动阀操作灵活,各部无漏水。

(14)配合检修班组,按试验方案在无水状态下进行机组开、停机试验,压油泵、接力器锁锭、空气围带、调速器及风闸等自动器具动作正常。

(15)按运行规程规定向尾水管充水,平压后提尾水闸门。

(16)按运行规程规定向压力钢管充水,平压后提工作闸门。

(17)检修后启动前,必须测定水轮发电机组定、转子绝缘合格,并将测量数据值、环境温度登录在生产管理系统上。

(18)机组启动前,应对水轮机、发电机、励磁装置、调速装置、同期装置等各部进行检查和操作。

2.2.3.6 发电机零起升压操作

1. 发电机应进行零起升压试验的情况

(1)机组大修后第一次加压。

(2)主变压器或线路需要零起升压。

(3)发电机差动保护动作,经外观检查及测绝缘无异常时。

(4)发电机短路干燥或短路试验后。

2. 发电机零起升压操作

(1)发电机断路器在断开位置,或与主变压器低压侧的连接端应断开。

(2)全面检查发电机有关一、二次设备,确认均处于正常状态。

(3)调速器运行方式置"自动"。

(4)启动机组,检查转速正常,并升转速至额定转速。

(5)机组保持额定转速运行,合上机组灭磁开关(磁场断路器)。

(6)励磁调节器控制方式置于"现地、手动"位置,调整励磁电流给定值至最低,或励磁调节器装置置于"零升"位置。

(7)按 DL/T 507 的规定加励,监视有关参数情况。

(8)试验结束,逆变灭磁。

(9)励磁调节器置于正常运行位置。

3. 发电机带主变压器零起升压操作

(1)主变压器应在冷备用状态,主变压器中性点接地开关在合闸位置。

(2)解除发电机并网判据,启用或修改发电机和变压器的相应保护设置,启用主变压器冷却系统。

(3)合上发电机与主变压器并列的隔离开关及出口断路器。

(4)发电机零起升压操作按"2.发电机零起升压操作"(2)～(9)规定进行。

4. 发电机带主变压器及线路零起升压操作

(1)进行零起升压的发电机容量应足够,必要时应考虑适当降低升压变压器的变比或降低发电机的转速来控制电压。

(2)进行零起升压发电机的强行励磁、自动励磁调节器、复式励磁等装置已停用,被升压的各种设备保护应完备。

(3)递升加压的主变压器中性点应直接接地。

(4)发电机带主变压器及线路零起升压时,除母线差动保护及线路重合闸、高周切机保护及相关失灵保护、连切装置等应停用外,应视情况启用或修改发电机、变压器及线路的相应保护设置,同时启用主变压器冷却系统。

(5)满足上述条件后,发电机零起升压操作按"2.发电机零起升压操作"(2)～(9)的规定进行。加压时,如果三相电压平衡,三相电流平衡且为线路充电电流,并随励磁电流增加而增加,即可逐渐提高电压至额定值。

(6)当增加励磁时,若三相电流增加,电压不升高或三相电流不平衡,以及加压过程中出现异常,应立即停止加压。

(7)发电机带线路零起升压结束后,应将发电机电压调至最低后切除励磁。

2.2.3.7　发电机黑启动操作

1. 黑启动的基本要求

(1)如需要配合电网进行黑启动,应听从电力调度机构的指挥。

(2)黑启动过程中应尽量缩短开机带厂用电的时间,降低机组无冷却水运行时间。开机前,应将系统运行方式准备充分、完善。

(3)励磁系统应考虑在黑启动时递升加压自励磁,如果带线路递升加压,则线路重合闸保护应退出。

(4)如果厂用电恢复成功,应尽快恢复启动机组调速器压油泵、技术供水泵、渗漏排水泵等重要厂用电负荷。

(5)做好事故应急电源(如柴油发电机)的维护,在机组不满足黑启动条件或黑启动试验失败后,应能立即启动应急电源恢复厂用电,避免引发事故。

2. 黑启动开机条件

(1)机组黑启动时,进水口主阀及油压装置的油压、油位应满足机组至少启停1次的要求。

(2)调速系统油压装置的油压、油位应满足要求,机组启动、建压正常到恢复厂用电的过程中应不引发事故低油压。

(3)空气压缩系统在失去电源后,低压气罐压力应能保证机组制动和空气围带正常退出。

(4)进水口主阀及调速器控制系统在失去交流电源的情况下能够正常运行。

(5)机组轴承在开机过程中,无水泵供应冷却水的情况下,应满足时间和轴承温度要求。

(6)渗漏集水井水位上升速率应能保证机组黑启动在集水井水位达到报警值前恢复厂用电,以免造成水淹厂房的事故。

(7)直流系统应满足励磁、继电保护、监控系统、自动化系统、调速器、通信、事故照明、操作等对供电容量的要求,供电时间应满足机组黑启动成功到恢复厂用电的全过程。

(8)励磁系统应满足在冷却风机无法运行时启动过程中功率柜的温升要求。

(9)黑启动机组的水机保护、发电机-变压器组保护、厂用变压器保护等投入正常,自动化元件、自动装置工作正常,必要时可以闭锁一些保护并降低机组启动的要求,使机组能够快速安全启动。

3. 发电机无外来交流备用电源的黑启动操作

(1)切除全厂调速系统压油泵、技术供水泵、渗漏排水泵、气系统、照明、电热等厂用电负荷的动力电源,防止厂用电恢复过程中自启动。

(2)按正常开机程序对具备黑启动条件的发电机进行自动开机,待机组黑启动成功后尽快恢复厂用电和所切除的厂用电负荷。

(3)黑启动应监视检查以下项目:

①调速系统和进水阀系统油压装置的油压和油位。

②气系统压力。

③机组各轴承温度。

④励磁系统功率柜温升。

⑤机组水机保护、电气保护等闭锁执行是否正确。

⑥发电机机端电压变化不应超过±10%,频率变化不应超过±0.5 Hz。

4.发电机通过外来交流备用电源的黑启动操作

(1)检查确认厂用电交流电源全部消失,检查并拉开厂用电主、备用电源进线断路器或空气开关。

(2)切除全厂调速系统压油泵、技术供水泵、渗漏排水泵、气系统、照明、电热等厂用电负荷的动力电源,防止厂用电恢复过程中自启动。

(3)合上外来交流备用电源进线断路器或空气开关,检查厂用电恢复正常。

(4)恢复全厂调速系统压油泵、技术供水泵、渗漏排水泵等重要厂用负荷的动力电源。

(5)检查事故过后机组各部情况,选择具备开机条件的机组,按发电机正常开机程序进行操作。

(6)待机组启动完成后恢复厂用电正常运行方式。

5.发电机通过柴油发电机的黑启动操作

(1)检查确认厂用电交流源全部消失。

(2)切除全厂调速系统压油泵、技术供水泵、渗漏排水泵、气系统、照明、电热等厂用电负荷的动力电源,防止厂用电恢复过程中自启动。

(3)检查并拉开厂用电主、备用电源进线断路器或空气开关。

(4)启动柴油发电机,确认运行正常,合上柴油发电机电源进线开关,厂用电恢复正常。

(5)根据柴油发电机容量大小确定并恢复厂用电重要负荷,按照调速系统压油泵、气系统、技术供水泵、渗漏排水泵的顺序依次恢复。若柴油发电机容量较小,可先行恢复调速器压油泵、气系统,待黑启动完成且厂用电恢复正常后再恢复其他厂用电负荷。黑启动过程中,应防止水淹厂房事故的发生。

(6)检查事故后机组各部位情况,选择具备开机条件的机组,按发电机正常开机程序进行操作。

(7)待机组黑启动成功后,尽快切换恢复厂用电正常运行方式。

第 3 章　辅助设备运行与维护

3.1　油系统运行与维护

3.1.1　水电厂油系统概述

3.1.1.1　油系统的分类及作用

水电厂的油系统主要有透平油系统和绝缘油系统两种,具体如下。

1. 透平油系统

透平油系统又称汽轮机油系统,它在水电厂中的主要作用如下。

1) 润滑及散热

机组运行过程中,油在机组的运动件(轴)与约束件(轴承)之间的间隙中形成油膜,以油膜的液态摩擦代替固体之间的干摩擦,从而减少设备的磨损和发热。同时,流动着的润滑油还可将摩擦产生的热量通过对流的方式挟带出来,并与空气或冷却水进行热量交换,从而起到散热作用。

2) 液压操作

水轮机调速器对不同形式水轮机的导水叶、桨叶和针阀的操作,以及水轮机进水阀、放空阀和液压阀的操作等,都需要很大的操作功,一般都以透平油作为传递能量的工作介质。

2. 绝缘油系统

绝缘油的绝缘强度比空气大,其介质强度为空气的 6 倍左右,主要用其做绝缘介质来提高电气设备运行的可靠性,同时它还可以吸收和传递电气设备运行时产生的大量热量。此外,绝缘油还可将油断路器(油开关)断开负载时的电弧熄灭,因此绝缘油系统的主要作用是绝缘、散热和消弧。水电厂中绝缘油的类型主要有变压器油、开关油及电缆油三种。

在水电厂中,透平油和变压器油用油量最大,大型水电站用油量可达数百吨乃至数千吨,中小型水电站也可达数吨到数百吨。

3.1.1.2　油系统的任务及组成

1. 油系统的任务

为保证设备安全经济运行,油系统必须完成下列各项任务。

(1) 接受新油。

(2) 储备净油。

(3) 给设备供、排油。

(4) 向运行设备添油。

(5) 对油进行监督、维护和取样化验。

(6)净化处理污油。

(7)收集及处理废油。

2.油系统的组成

水电站油系统由透平油系统、绝缘油系统组成,每个系统又由以下几部分组成。

1)储油设备

储油设备主要用于储存净油、临时的废油或从机组设备中排出的污油。水电厂一般用金属油槽(也称油罐或油桶)储存油品,主要有净油槽、运行油槽、中间油槽等。

2)油处理设备

油处理设备包括输油设备和净油设备,如油泵、压力滤油机、真空滤油机、真空泵、滤纸烘箱及油过滤器等。油处理设备一般布置在油处理室内。

3)油化验设备

油化验设备包括油化验设备、仪器及药物等,主要用于对新油和运行油进行化验。油化验设备一般放置在油化验室中。

4)管网

管网是将油系统设备与用户连接起来的管道系统。

5)测量和监视控制元件

测量和监视控制元件用于监视和控制油系统设备的运行方式和运行状态。

此外,大多数水电厂还设有专门收集回油及各部渗漏油的漏油装置,如机组漏油装置及球阀/蝶阀漏油装置等。

3.1.2　油系统的巡视检查与维护

3.1.2.1　油系统运行规定

(1)正常情况下,油系统各阀门的位置,机组各处用油设备的油位、油色、油流和油温应在正常范围之内,符合《水轮发电机运行规程》(DL/T 751—2014)的相关规定,油系统各处应无渗漏油现象。

(2)油处理室净油罐内应有足量的合格透平油/绝缘油,室内应保持清洁,通风良好,严禁烟火。

(3)运行储油罐内污油应及时回收处理,经常保持一定的空余容积,以便能接受排油。

(4)储油罐发生着火、大量泄油等事故时,应立即打开油罐事故排油阀,排油至事故油池。

(5)事故油池内污油应及时回收,经常保持一定的空余容积,以便能随时接受排油。

(6)当机组正常运行或发生事故时,能保证有足够的压力油来操作机组的导水叶,特别是在厂用电消失的情况下,应有一定的能源储备。为此,除选择适当的压油槽容量外,还必须有较完善的自动控制措施,以保证具有正常的工作油压。

(7)机组不论是在运行状态还是在停机状态,油压装置都应处于良好的准备工作状态,应自动保持规定的油压,一般不需要人工参与。

（8）油压装置故障,应发出报警信号;在事故性压力降低时,应作用于事故停机并发事故信号。

（9）在运行设备的油槽上进行滤油时,应设有专人看守,并注意油槽中的油面,以防止在过滤中因油面变化而影响设备安全运行。

（10）运行中的透平油应定期取油样目测其透明度,判断有无水分和过量杂质。如发现有异常,应进行油质化验;化验不合格时,应进行过滤或更换。

（11）油库的备用油应按规定储备。

3.1.2.2　油系统的巡视检查

油系统的运行监视和检查项目包括:各管路是否完好,有无渗漏油现象;各储油、用油、排油设备是否正常,油罐(油箱)油位、油质是否合格;各油泵电动机的电源、工作状况等是否正常。具体检查项目如下:

（1）油系统各阀门位置正确,安全阀工作正常,各管路及阀门连接处无渗漏油及泄油现象。

（2）各仪表指示正常,表头无油渗漏。

（3）油箱各管路法兰结合面严密,无渗漏,液位计能真实反映油位,液压信号器接触良好,动作可靠,油混水信号器工作正常。

（4）机组各用油部位的油位、油质、油压正常,无油混水。

（5）油泵动力电源、控制电源正常,电气回路接头无过热,控制元件动作正常,各电气设备完好,电压、电流正常。

（6）电动机引线和接地完好,回路无断相故障。

（7）电动机和油泵运转声音正常,无异味,无频繁启动,各部温度正常,停止时无反转,油泵保护及自动装置工作正常。

（8）油系统各自动化测量、保护及控制元件工作正常,各自动控制屏/盘无故障报警信息。

3.1.2.3　油系统的维护

为保证用油设备的安全运行,还应定期对运行中的油进行取样化验,定期对用油设备、输油设备及净油和储油设备进行清洗。在输送新油和净油之前,也应对相关的输油设备进行清洗,以免输油设备中原来残存的油泥、水分和机械杂质等污染新油和净油。

对油库内的存油也必须经常进行检查,主要检查其油质是否合乎标准,其油量是否满足规定要求,保管状态是否良好等,以保证能经常向用油设备补充油的损耗,并在机组发生事故时能有净油可换。对油库接受外来的新油和排出的污油,都必须进行试验,并经过滤油机过滤,以保证输油管网和油槽的清洁。

3.1.3　油系统的操作

3.1.3.1　油泵相关操作

1.压力油罐油泵手动启停操作

（1）压力油罐油泵电源正常。

(2)压力油罐油泵无故障报警。

(3)压力油罐压力在停泵压力以下。

(4)将压力油罐油泵控制方式切至"手动"位置。

(5)压力油罐油泵启动正常。

(6)压力油罐压力上升至正常压力。

(7)将压力油罐油泵控制方式切至"切除"位置。

(8)压力油罐油泵停止正常。

(9)将压力油罐油泵控制方式切至"自动"位置。

2.轴承循环油泵手动启停操作

(1)轴承油系统运行正常,油泵电源正常。

(2)将轴承循环油泵控制方式切至"手动"位置。

(3)轴承循环油泵启动正常。

(4)供油流量正常。

(5)将轴承循环油泵控制方式切至"切除"位置。

(6)轴承循环油泵停止正常。

(7)将轴承循环油泵控制方式切至"自动"位置。

(8)轴承油系统运行正常。

(9)机组运行期间,手动启停轴承循环油泵应保证至少有1台泵在运行。

3.高压油顶起油泵手动启停操作

(1)高压油顶起系统运行正常,油泵电源正常。

(2)将高压油顶起油泵控制方式切至"手动"位置。

(3)高压油顶起油泵启动正常。

(4)转子顶起正常。

(5)将高压油顶起油泵控制方式切至"切除"位置。

(6)高压油顶起油泵停止正常。

(7)将高压油顶起油泵控制方式切至"自动"位置。

4.油泵检修做措施

(1)其他油泵工作正常。

(2)将待检修油泵控制方式切至"切除"位置。

(3)在待检修油泵控制方式把手上悬挂安全标示牌。

(4)拉开待检修油泵动力电源、控制电源空气开关。

(5)在待检修油泵动力电源空气开关上悬挂安全标示牌。

(6)全关待检修油泵出口阀。

(7)在待检修油泵出口阀上悬挂安全标示牌。

5.油泵检修措施恢复

(1)相关工作票已收回。

（2）拆除设备安全措施，取下安全标示牌。

（3）全开检修油泵出口阀。

（4）合上检修油泵动力电源、控制电源空气开关。

（5）将检修油泵控制方式切至"手动"位置。

（6）检修油泵试启动正常。

（7）将检修油泵停止并将控制方式切至"自动"位置。

3.1.3.2　油压装置相关操作

1. 油压装置排油补气操作

（1）检查压力油罐油位是否过高，油罐油气比例是否正常。

（2）检查至少 1 台油泵控制方式在"自动"位置。

（3）适当开启压力油罐排油阀（注意保持压力油罐油压不能过低）。

（4）监视压力油罐油面降至"油位高"报警值以下，关闭压力油罐排油阀。

（5）将补气阀控制方式切至"手动""开阀"位置。

（6）监视压力油罐油位、压力正常。

（7）将补气阀控制方式切至"停止""自动"位置。

（8）若排油过程中压力过低，应先暂停排油，手动开启补气阀将油压补至正常后再继续排油。

2. 油压装置排气补油操作

（1）检查压力油罐油位是否过低，油气比例是否正常。

（2）检查至少 1 台油泵控制方式在"自动"位置。

（3）将补气阀控制方式切至"切除"位置。

（4）缓慢开启压力油罐手动排气阀。

（5）监视油泵启动情况，油泵启动时，关闭手动排气阀。

（6）油泵停止后，检查油气比例是否正常。

（7）若不正常，反复以上步骤调整，待压力油罐油面升至正常后，关闭手动排气阀。

（8）将补气阀控制方式切至"自动"位置。

3. 油压装置检修做措施

（1）关闭主阀（快速闸门）。

（2）打开蜗壳排水阀，蜗壳水压为零。

（3）将调速器手/自动把手切至"手动"。

（4）将压油泵切换把手切至"切除"位置。

（5）拉开压油泵电源刀闸，检查在开位。

（6）取下压油泵熔断器。

（7）关闭压油泵出口阀。

（8）打开压油罐排风阀。

（9）压油罐压力为零。

（10）打开压油罐排油阀。

（11）压油槽液位为零,此时应注意集油槽液位不得过高。

（12）打开集油槽排油阀进行排油。

（13）集油槽液位为零。

（14）将漏油泵切换把手切至"手动"位置。

（15）漏油槽油位降至最低油位以下,排油至不能再排。

（16）关闭漏油泵出口阀。

（17）将漏油泵切换把手切至"切除"位置。

（18）拉开漏油泵电源刀闸,检查在开位。

（19）取下漏油泵各相熔断器。

4.油压装置检修措施恢复

（1）打开漏油泵出口阀。

（2）装上漏油泵各相熔断器。

（3）合上漏油泵电源刀闸,检查在合位。

（4）将漏油泵切换把手切至"自动"位置。

（5）关闭集油槽排油阀。

（6）关闭压油槽排风阀。

（7）关闭压油槽排油阀。

（8）装上压油泵熔断器。

（9）合上压油泵电源刀闸,检查在合位。

（10）打开集油槽给油阀。

（11）当集油槽充油至合格位置时,关闭集油槽给油阀。

（12）打开压油泵出口阀。

（13）将压油泵切至"手动"位置。

（14）监视、调整压油槽油压、油面至合格位置。

（15）压油槽液位合格。

（16）压油槽压力合格。

（17）集油槽液位合格。

（18）将压油泵切换把手切至"投入"位置。

注意：

（1）油压装置检修恢复措施必须在漏油装置检修恢复措施已做完后才进行。

（2）油压装置大修恢复应具备的条件如下：

①检修工作已结束,相关工作票已收回。

②检修安全措施已恢复,检修工作人员撤离现场,现场达到安全文明生产要求。

③检修质量符合有关规定要求,验收合格。

④检修人员对相关设备的检修、调试、更改情况已做好详细的书面交代及图纸资料。

⑤各部照明及事故照明电源完好。

⑥关闭尾水管进人孔、蜗壳进人孔和所有吊装孔。

⑦关闭蜗壳排水阀、钢管排水阀、尾水盘型阀,并检查关闭是否严密。

3.1.3.3　漏油装置及压力滤油机相关操作

1. 漏油装置检修做措施

(1)将漏油泵切换把手切至"手动"。

(2)漏油槽油位降至最低油位以下,排油至不能再排。

(3)将漏油泵切换把手切至"切除"位置。

(4)拉开漏油泵电源刀闸,检查在开位。

(5)取下漏油泵各相熔断器。

(6)关闭漏油泵各出口阀。

2. 漏油装置检修恢复措施

(1)打开漏油泵各出口阀。

(2)装上漏油泵各相熔断器。

(3)合上漏油泵电源刀闸,检查在合位。

(4)将漏油泵切换把手切至"自动"位置。

3. 压力滤油机的启动操作

(1)压力滤油机启动前的检查:

①现场无杂物,无人工作,具备启动条件。

②电动机的检查项目参见各水电厂现场的《厂用电和电动机运行规程》中"电动机启动前的检查项目"。

③滤油机取样阀关闭。

④滤油机的进油管和出油管已用耐油胶管(或铁管)与相关的阀门连接。

⑤对油泵进行正、反转盘车 1~2 转,应灵活,无发卡现象。

(2)分别将 2~3 张滤纸夹在每个滤板和滤框之间。

(3)转动手轮将滤板压紧。

(4)将滤油管路上的阀门开启。

(5)启动滤油机,监视压力在 0.05~0.30 MPa。

(6)过滤完毕,停止滤油机的运行。

(7)转动手轮松开压紧装置,逐片取出滤纸。

(8)清洗滤纸和滤框内的滤渣。

(9)按上述第(2)项要求更换滤纸,转动手轮将滤板压紧。

(10)盖上油箱。

(11)清洗粗滤器。

(12)清洗后重新盖好并拧紧螺栓。

3.1.3.4　用油设备的供油、排油操作

某水电厂透平油系统图如图 3-1 所示,现以其为例介绍油系统的供油及排油操作。

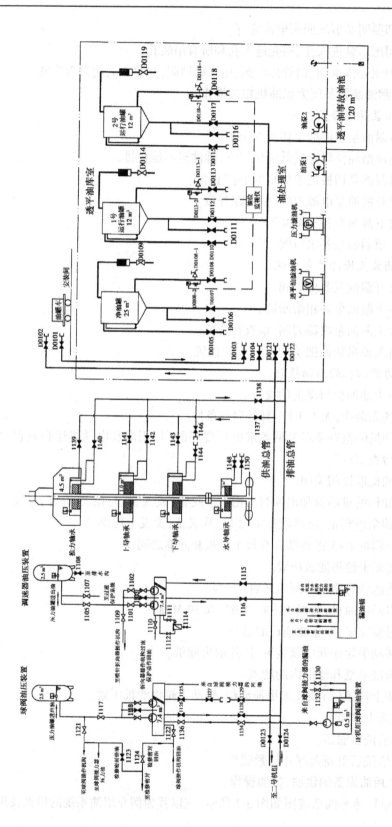

图 3-1 某水电厂透平油系统图

1. 推力、上导、下导及调速器油压装置加油

(1)将油泵进、出油阀用软管连接在净油罐排油阀 D0108 与(机组轴承及油压装置)总加油阀 D0121 之间。

(2)检查油泵电动机绝缘合格。

(3)全开净油罐排油阀 D0108、总加油阀 D0121。

(4)依次全开加油泵进、出油阀及用油设备加油阀。

(5)启动加油泵向相应轴承、油槽加油,至正常位置后停止油泵运行。

(6)依次全关机组总加油阀 D0121、净油罐排油阀 D0108、用油设备加油阀。

2. 水导油槽加油(采用自流方式)

(1)将加油软管一端用活接头与净油罐排油阀 D0108 相连。

(2)局部开启净油罐排油阀 D0108 对软管进行冲洗,废油排入准备好的临时油桶中。

(3)将软管另一端从水导油槽观察窗处伸入水导油槽中,开启净油罐排油阀 D0108 加油。

(4)油位接近正常时全关净油罐排油阀 D0108,撤除软管,恢复水导油槽观察窗。

注:若机组在运行中需加少量油,可用干净的油壶从观察窗处加油。

3. 推力、上导、下导及油压装置排油

(1)排油前连接好运行油罐(2 号)加油阀 D0115 与油泵及总排油阀 D0122 之间的软管。

(2)检查油泵电动机绝缘合格。

(3)全开机组轴承及油压装置总排油阀 D0122(下导轴承排油应先用软管将阀 1144 和 1146 连接)。

(4)依次全开排油泵进、出油阀及设备排油阀。

(5)启动排油泵,将相应轴承透平油排至运行油罐(2 号)内,排完后停止油泵运行。

(6)依次全关排油泵进、出油阀及设备排油阀。

4. 水导油槽排油

(1)排油前,连接好运行油罐(2 号)加油阀 D0115 与油泵及水导排油阀 D1150 之间的软管。

(2)检查油泵电动机绝缘合格。

(3)全开水导排油阀 D1150、运行油罐(2 号)加油阀 D0115。

(4)启动排油泵将水导轴承透平油排至运行油罐(2 号)内,排完后停止油泵运行。

(5)依次全关排油阀 D1150、运行油罐(2 号)加油阀 D0115,撤除软管。

3.1.3.5　油库接受新油及排油操作

1. 油库接受新油

(1)接好油罐车与透平油库进油阀 D0101,全开 D0101。

(2)依次全开油处理室给油阀 D0103、运行油罐(1 号)给油阀 D0110。

(3)开启油罐车排油阀向运行油罐(1 号)充油。

（4）完毕后，依次全关油罐车排油阀、透平油库进油阀 D0101、油处理室给油阀 D0103、运行油罐给油阀 D0110。

2. 油库污油排出

（1）接好油罐车与透平油库出油阀 D0102，全开 D0102。

（2）依次全开油处理室回油阀 D0104、运行油罐排油阀 D0111。

（3）启动油罐车油泵排出运行油罐污油，排完后停泵。

（4）依次全关运行油罐排油阀 D0111、油处理室回油阀 D0104、透平油库出油阀 D0102、油罐车排油阀。

注：绝缘油库接受新油、污油排出、滤油操作与透平油库相同。

3.2　技术供水系统运行与维护

3.2.1　水电厂技术供水系统概述

3.2.1.1　技术供水的作用及对象

1. 作用

水电厂技术供水又称生产供水，其主要作用是对水电站中运行的各种机电设备进行冷却、润滑与水压操作，它是保证水电站的安全、经济运行所不可缺少的组成部分。小型水电站常以技术用水为主，兼顾消防用水及生活用水，从而组成统一的技术供水系统。

2. 对象

（1）发电机空气冷却器（简称空冷器）。

（2）推力轴承及导轴承油冷却器。

（3）水冷式空压机的冷却。

（4）水冷式变压器的冷却。

（5）水轮机导轴承的润滑和冷却。

（6）油压装置集油槽油冷却器。

除上述技术供水对象外，还有水轮机主轴密封用水、深井泵轴瓦润滑用水、高水头电站水轮机进水阀的液压操作用水、射流泵用水等。对于双水内冷式发电机，还有定子绕组和磁极线圈空心导线的冷却用水。

3.2.1.2　用水设备对供水的要求

用水设备对供水系统的水量、水温、水压、水质有一定的要求，原则上是水量足够、水温适宜、水压合适、水质良好。

1. 水量

水轮发电机组总用水量包括：发电机空气冷却器用水量、推力轴承油冷却器用水量与各导轴承（油）冷却器用水量等。根据我国已运行大、中型水电站机电设备用水量的统计分析：发电机空冷器占总用水量的 70%，推力轴承与导轴承冷却器占总用水量的 18%，水冷式变压器占 6%,水导轴承的水润滑与冷却占 5%,其他约占 1%。由此可见,发电机空冷器的用水量与推力轴承和导轴承的冷却用水量占了绝大部分。

2. 水温

技术供水水温是供水系统设计中的一个重要条件,一般按夏季经常出现的最高水温考虑。技术供水的水温与很多因素有关,如取水的水源、取水的深度、各地气温变化等。水温对冷却器的影响很大,如果进水温度增高,则冷却器的有色金属消耗量将增加,冷却器的尺寸也将增大,造成布置上的困难。一般若冷却水温上升 3 ℃,冷却器高度将增加 50%,同时,水温超过设计温度时,也会使发电机无法发足出力。一般进水温度最高应不超过 30 ℃。

冷却水温过低也是不适宜的,因为水温过低,会使冷却器黄铜管外凝结水珠。一般要求进口水温不低于 4 ℃,同时冷却器进出口水的温差不能太大,一般要求保持在 2~4 ℃,以避免沿管长方向温度变化太大而造成裂缝和漏水。

3. 水压

1) 机组冷却器对水压的要求

进入冷却器的冷却水,应有一定的水压,以保证必要的流速和所需的水量。机组各冷却器的进口水压上限一般不超过 0.2 MPa,主要是受到制造厂冷却器铜管强度的限制;各冷却器进口水压的下限则取决于冷却器内部压降及排水管路的水头损失。

实际上,冷却器长期使用之后,黄铜管内表面发生积垢和氧化作用,使冷却器水流特性变坏,传热系数下降,所以制造厂一般均按计算值加上 1 倍或更多的安全系数。

2) 水冷式变压器对水压的要求

水冷式变压器的冷却方式有内部冷却和外部冷却两种。内部冷却是将冷却器装在变压器的绝缘油箱内,外部冷却是将热交换器置于冷却水槽中,使绝缘油在交换器循环从而得到冷却。在水冷式变压器中,如果发生水管破裂或热交换器破裂,就会使油水掺和,发生很大的危险,特别是冷却水掺入绝缘油中,其后果将是灾难性的,所以对水冷式变压器冷却水的水压控制较严,要求冷却器进口处水压不得超过变压器中的油压。当电站的技术供水引到水冷式变压器前的压力较高时,应采用减压措施,以满足水压要求,保证安全。

3) 水冷式空压机对水压的要求

水冷式空压机的水压可不限于 0.2 MPa,可以略微加大,但不宜超过 0.3 MPa。

4) 水润滑导轴承对水压的要求

水润滑导轴承的橡胶轴瓦必须有一定的供水压力才能形成足够的润滑水膜,一般为 0.15~0.20 MPa。水压过低,润滑效果不良;水压过高,又会损坏设备。

4. 水质

水电站的技术供水,不管是取自地表还是地下,总或多或少会有一些杂质。杂质进入用水设备,对用水设备的安全和经济运行是非常不利的。为保证各冷却器的安全和经济运行,冷却水的水质一般应满足如下几点要求:水中不含悬浮物;含沙量少且颗粒小;硬度较小,应不大于 8~12;pH 为中性;力求不含有机物、水生物及微生物;含铁量小、不含油分。

总之,对于冷却水的水质,应以水对冷却管道的腐蚀、结垢和堵塞等情况来衡量。
对于轴承润滑和轴承密封用水,要求更高:

(1)含沙量和悬浮物必须控制在 0.1 g/L,泥沙的粒径在 0.01 mm 以下。

(2)润滑水中不允许含有油脂及其他对轴承和主轴有腐蚀性的杂质。

3.2.1.3 水源及供水方式

1.水源

技术供水的水源选择是很重要的,一般要求取水可靠,水量充足,水温适当,水质较好,引水管路简单且操作维护检修方便。

技术供水系统的水源除主水源外,还应有可靠的备用水源。一般可作为水电站技术供水的水源如下。

1)上游水库

上游水库,是一个丰富的水源,从水质方面看,水库调节容量越大,水越深,则水质越好。上游水库取水,常用坝前取水与压力钢管(或蜗壳)取水两种方式,对中、高水头的水电站还可从水轮机的顶盖取水。

2)下游尾水

当电站水头过高或过低时,可考虑下游尾水作水源,通过水泵将水送至各用水设备。自下游尾水取水时,应注意机组尾水冲起的泥沙和引起的水压波动,以及因机组负荷变化而引起的下游水位升降等给水泵运行带来的不利影响,应尽可能提高取水口的位置,但取水口必须在最低尾水位 0.5 m 以下。另外,还应注意取水口不要设置在机组冷却水排水口附近,以免水温过高而影响冷却器的冷却效果。水泵吸水管的管口应焊有法兰,并设有拦污栅网,以防杂物吸入。这种取水方式比坝前取水的可靠性要差一些,在水泵故障或厂用电断电时技术供水也会中断,且运行费用较大。

3)地下水源

为了取得经济、可靠和较高质量的清洁水,以满足技术供水,特别是水轮机导轴承润滑用水的要求,若电站附近有地下水源,则可加以利用。因为地下水源一般都比较清洁,水质较好,但硬度较大,某些地下水源还具有较高的水压力,有时可能获得经济实用的水源。该技术供水系统比较复杂。

4)其他水源

中、高水头混流式机组可利用水轮机上止漏环的漏水作机组技术供水,称为顶盖取水。其优点是:水量充足,供水可靠;止漏环间隙对漏水起了良好的减压作用,水压稳定;操作简单,随机组启、停而自动供、停水,随机组出力增减而自动增减供水量。其缺点是:当机组进行调相运行时,需另由其他水源供水。

此外,水电站附近的瀑布、支流和小溪等都可以作为技术供水的水源。

2.供水方式

水电站技术供水方式因水头、水质、机组形式及布置特点等的不同而不同,常用的供水方式有自流供水、水泵供水、混合供水及射流泵供水等。

1) 自流供水

自流供水系统的水压是由水电站的自然水头来保证的。水电站水头在 15~80 m 时,宜采用自流供水方式。当水源取自蜗壳或压力钢管时,应考虑机组甩负荷引起的压力升高,各用户的设计压力应按不低于所承受的最大压力设计。

工作水头在 70~140 m 时,宜采用自流减压供水方式;工作水头在 140~160 m 时,可采用自流减压供水方式。

自流供水方式供水可靠、设备简单、投资少、运行操作方便,易于维修,是设计、运行、安装都乐于选用的供水方式。

2) 水泵供水

工作水头小于 15 m 或大于 140 m 时,宜采用水泵供水方式,选用其他供水方式时,应进行技术经济比较。对低水头电站,应视具体情况可将取水口设置在上游水库或下游尾水处;对于高水头电站,一般均采用水泵从下游取水。采用地下水源而水压不足时,也采用水泵供水。

水泵供水系统由水泵来保证所需水压、水量。水质不良时,布置水处理设备也较容易。其主要缺点是供水可靠性差,当水泵动力中断时要停水,此外设备投资和运行费用一般较大。

3) 混合供水

混合供水是由自流供水和水泵供水相混合的供水方式。水头为 12~20 m 的电站,单一供水往往不能满足要求,需采用混合供水。

4) 射流泵供水

当水电站水头为 80~170 m 时,为了减少自流供水的水能浪费,宜采用射流泵供水。由上游水库取水作为高压工作液流,在射流泵内形成射流,抽吸下游尾水,两股液流相互混合,形成一股压力居中的混合液流,作为机组的技术供水。射流泵供水兼有自流供水和水泵供水特点,它运行可靠、维护简单,设备和运行费用均较低。

5) 循环供水

若机组冷却水取自河水,而河水的水质、泥沙等都不可避免地存在一些问题,为了彻底解决水质难题,目前很多机组采用循环供水。循环系统一般由尾水冷却器、循环水池及泵房、循环水泵及电气控制柜、供水总管、回水总管五部分组成。循环冷却技术供水解决了技术供水的水质问题,提高了电站运行可靠性,且利于环保。

3.2.2 技术供水系统的巡视检查与维护

3.2.2.1 技术供水系统运行规定

(1)技术供水系统应设有备用水源,润滑水的备用水源应能自动投入运行;供水系统的取水方式应不少于两个,每个取水口应保证通过需要的流量。

(2)正常情况下,供水系统各阀门的位置符合《水轮发电机运行规程》(DL/T 751—2014)的规定,系统各处无渗漏水现象,各处水压表、流量开关、压力开关指示正常。

（3）水轮发电机组各冷却器水压、水量，应根据水温及负荷变化及时调整，保持机组各部温度均匀且在正常范围内。

（4）技术供水系统采用水泵供水时，发电机组正常运行时要求至少1台泵能正常工作；技术供水泵及其电动机应完好，运行中无异音，上水正常，远方控制正常。

（5）机组运行中，冷却水系统和主轴密封润滑水不得随意停用。

（6）机组进行密封水源倒换，一般必须在停机状态下进行。特殊情况下，经总工同意后，可在机组运行时进行倒换。倒换时，注意不要造成密封水压超出上限，影响密封的安全运行。

（7）水轮机主轴密封用水对水质要求较高，一般采用清洁水，水压范围为 0.05~0.6 MPa，这需要根据水电站水头及转轮上腔压力决定，但水压不能过高，否则将导致密封块与转动部分磨损增大，长此以往导致密封效果变差。

（8）机组流程开机时，先开启主用技术供水总阀（蜗壳供水电动阀），若水压低于设定值（如 0.12 MPa），再开启备用技术供水总阀（坝前供水电动阀），若水压仍低于设定值，则流程开机失败。

（9）使用降压启动的水泵，启动时应监视其启动电流、启动情况。

3.2.2.2　技术供水系统的巡视检查

技术供水系统新安装或检修完毕投运前，必须进行通水耐压试验，其目的是检查新安装或检修后的供水系统管路各部分的连接、密封是否完好，以及供水系统的耐压强度是否合格，并调节好各阀门的位置，以满足各冷却器在水压和水量方面的要求，为以后的自动开机做准备。

通水耐压试验的原则是：保证排水流畅，且在通水过程中，采用逐级提高水压和加大水流量的原则，以防止供水系统因排水不畅导致憋压，致使水压过高而损坏设备。供水系统通水耐压时间通常为 30 min。

1. 机组技术供水系统在进行通水耐压试验前应进行的检查

（1）各阀门编号标示和位置正确，管路颜色符合规定。

（2）冷却水过滤器安装良好，无堵塞现象，取水口的过滤网及水过滤网清洗试验检查合格。

（3）水管道上各自动阀门安装良好，接线正确，电源、油源正常，无漏水现象，电气回路绝缘及接点试验检查合格，联动试验合格，并处于关位。

（4）冷却水各管路安装良好，无漏水现象。

（5）示流继电器、压力变送器、压力表计等安装良好，接线正确，无漏水现象。

（6）总供水管路水压正常。

（7）供水系统采用水泵供水方式时，应对水泵本身及其电动机进行全面检查，并对引水回路进行检查；如果是离心泵，还应检查出水管路的出水阀及止回阀、底阀、吸水管充水是否正常等。

上述检查合格后，可对冷却水系统进行通水耐压试验。试验合格后，技术供水系统方可投入正常运行。

2. 水泵启动前、运行中的检查项目

1) 水泵启动前的检查项目

(1) 水泵周围场地应清洁,无妨碍其运转的工具和杂物。

(2) 测量电动机绝缘合格。

(3) 电源开关确已合上,保险熔丝完好,接触良好。

(4) 电气设备及自动装置完好。

(5) 电动机及水泵地脚螺丝无松动。

(6) 水泵轴承油位、油色正常,油质良好。

(7) 电动机、水泵连接良好,转动灵活,无卡涩、蹩劲现象。

(8) 水泵止水盘根漏水不过大,螺丝无松动。

(9) 水泵进、出水阀开启。

2) 水泵运行中的巡回检查项目

(1) 电动机的电流不得超过额定值,无异常响声及过热。

(2) 水泵轴承油位、油色正常,无漏油。

(3) 水泵出水正常,水压表的指示稳定。

(4) 水泵止水盘根无大量漏水现象,盘根压盘与转动部分无摩擦。

3. 技术供水系统日常检查项目

(1) 检查各用水设备水压、水流量、温度是否在正常范围内。

(2) 检查技术供水系统各阀门位置是否正确。

(3) 检查技术供水系统各冷却器、供水管路、阀门有无渗漏。

(4) 检查供水管路有无水锤共振声。

(5) 检查各轴承的油位、油色是否正常。

(6) 检查空气冷却器、各管路有无结露现象。

3.2.2.3　技术供水系统的维护

(1) 当机组运行中轴瓦、定子线圈温度或温升超过允许值报警时,应检查、调整各部冷却水压;若冷却器或供水管路堵塞,应启运滤水器排污、蜗壳取水口吹扫或倒换冷却水供排水方向。

(2) 在洪水季节,应注意加强机组冷却水和润滑水的巡回检查和取样分析,发现水质超标应及时采取措施处理。

(3) 供水系统采用水泵供水方式时,其主备用水泵需定期进行切换。

(4) 机组密封用润滑水要求高,一般需根据水源水质情况进行切换,如有的电厂在每年汛期(5 月 1 日至 10 月 31 日)将机组密封润滑水切换为清水系统供水,其余时间由机组蜗壳或坝前技术供水系统供水。

(5) 机组进行密封水源切换必须在停机状态进行。特殊情况下,经总工同意后,可以在机组运行时进行切换。切换时,注意不要造成密封水压超出上限,影响密封的安全运行。

（6）定期清扫、维修和切换滤水器，以保证水质、水量和水压符合要求。

（7）滤水器运行中的维护项目如下：

①每班定期对全自动排污滤水器电气控制箱进行全面检查，具体如下：

a. 检查控制箱面的各种指示灯显示是否正确。

b. 检查控制箱内启动器有无异常现象。

c. 检查控制箱内的中间继电器无有异常现象。

d. 检查控制箱内的接线是否良好，有无过热、松动、脱落现象。

②检查滤水器压差是否正常，有无渗漏现象；当运行中滤水器进出水两侧压差大于设定值并保持 1 min 以上时，应启动滤水器排污 5 min；当运行中全自动滤水器不能自动排污时，运行人员应检查原因并手动排污。

③检查滤水器清扫过程中各电机有无过热现象。

④检查滤水器一次动力盘是否正常。

3.2.3 技术供水系统的操作

3.2.3.1 技术供水泵相关操作

1. 技术供水泵现地启停操作

（1）技术供水系统运行正常。

（2）水泵动力电源和控制电源正常（若水泵有润滑水，应确认润滑水正常）。

（3）水泵出口阀在开启位置。

（4）将水泵控制方式切至"手动"位置。

（5）水泵启动正常。

（6）将水泵控制方式切至"切除"位置。

（7）水泵停运正常。

（8）将水泵控制方式切至"自动"位置。

（9）技术供水系统流量正常。

2. 技术供水泵检修措施

（1）该水泵未运行，技术供水系统流量正常。

（2）将水泵控制方式切至"切除"位置。

（3）在水泵控制方式把手上悬挂安全标示牌。

（4）拉开水泵动力电源。

（5）拉开水泵控制电源。

（6）在水泵动力电源空气开关上悬挂安全标示牌。

（7）关闭水泵进、出口阀（如有润滑水，关闭水泵润滑水供水阀）。

（8）在水泵进、出口阀（润滑水供水阀）上悬挂安全标示牌。

（9）布置水泵安全措施。

3.技术供水泵恢复备用

(1)收回有关工作票。

(2)拆除水泵安全措施。

(3)取下相关设备安全标示牌。

(4)开启水泵进、出口阀(如有润滑水,开启水泵润滑水供水阀)。

(5)合上水泵动力电源开关。

(6)合上水泵控制电源开关。

(7)将水泵控制方式切至"手动"位置。

(8)检查水泵试运行正常。

(9)将水泵控制方式切至"自动"位置

3.2.3.2　技术供水系统投退及滤水器排污操作

1.技术供水系统投退操作

(1)第一次投入运行时,按通水耐压试验步骤逐项进行操作和检查。如为停机后开机,则只需打开机组冷却水电磁阀,并进行相应检查即可。

(2)按机组技术供水投入运行要求,确认各阀门位置正确。

(3)现场检查各处水压,示流信号器是否正常,管道有无渗漏水现象,特别注意发电机空气冷却器的漏水检查。

(4)机组停机后,冷却水由电动阀关闭,并应现场检查。

(5)供水前,要特别注意检查发电机灭火管道的供水阀门。

(6)严冬寒冷低温时,注意按现场运行规程规定,停止供冷却水。

(7)由水泵供水的技术供水系统,水泵的开停需专人值班负责,并按水泵运行规程进行。

2.技术供水滤水器手动排污操作

(1)滤水器控制箱上电源指示正常。

(2)打开滤水器排污阀,按下滤水器减速机启动按钮或切至"手动"位置。

(3)滤水器排污正常。

(4)排污 5~10 min,关闭滤水器排污阀,按下滤水器减速机停止按钮或切至"自动"位置。

(5)检查滤水器前后压差是否在正常范围内。

3.2.3.3　技术供水系统充水试验及冷却水倒供操作

某水电厂技术供水系统如图 3-2 所示,该水电厂的机组技术供水由蜗壳或坝前取水供给;机组主轴密封润滑水在汛期由清水系统供水,其余时间由机组蜗壳或坝前取水供给。现以其为例介绍技术供水系统充水试验及冷却水倒供操作。

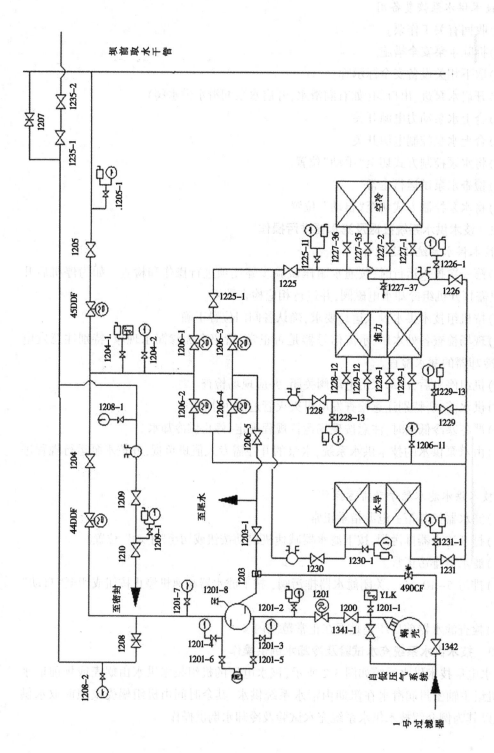

图 3-2　某水电厂技术供水系统

1. 技术供水充水试验（正向供水）

（1）将机组各供水对象（空冷、推力、水导）正向供水时的进水阀（1226、1229、1231）开至适当开度，正向供水时的排水阀门（1225、1228、1230、1225-1）全开（确保排水通畅）。

（2）确认坝前取水电动阀 45DDF 全关。

（3）全关机组蜗壳取水阀 1204，全开机组坝前取水电动阀 45DDF。

（4）全开正向供水切换阀 1206-3、1206-2，全关反向供水切换阀 1206-1、1206-4。

（5）手动缓慢开启 1205 阀，检查供水管路是否憋压，发现异常立即关闭 1205 阀。

（6）调整各供水对象的正向供水进水阀（1226、1229、1231）使各部水压正常，记录各部水压值。

（7）确认各轴承油槽油位、油色正常，空气冷却器及其他设备无漏水。

（8）上述操作全过程中，各手动阀门及各电动阀动作应灵活，无漏水现象。

（9）试验完成后，全关坝前取水电动阀 45DDF。

（10）若蜗壳已充水，也可用蜗壳取水进行充水试验，充水时采用手动缓慢开启 1204 阀的方式。

（11）在冷却水充水试验过程中，同时做密封水的充水试验工作。

2. 机组运行中冷却水的正向倒反向操作

（1）全关正向供水切换阀 1206-2、1206-3。

（2）调整各供水对象的反向供水进水阀（正向供水排水阀 1225、1228、1230）开度至与原正向供水进水阀开度相当。

（3）全开各供水对象的反向供水排水阀（正向供水进水阀 1226、1229、1231），确保排水流畅。

（4）全开反向供水切换阀 1206-4、1206-1。

（5）调整各供水对象反向供水进水阀（1225、1228、1230），使各轴承、空冷水压正常，记录各部水压。

（6）确认各轴承油槽油位、油色正常，空气冷却器及各处无漏水。

（7）确认机组各部温度正常。

3. 机组运行中冷却水的反向倒正向操作

（1）全关反向供水切换阀 1206-4、1206-1。

（2）调整各供水对象的正向供水进水阀（1226、1229、1231）开度至与原反向供水进水阀开度相当。

（3）全开各供水对象的正向供水排水阀（1225、1228、1230），确保排水流畅。

（4）全开正向供水切换阀 1206-2、1206-3。

（5）调整各供水对象正向供水进水阀（1226、1229、1231），使各轴承、空冷水压正常，记录各部水压。

（6）确认各轴承油槽油位、油色正常，空气冷却器及各处无漏水。

（7）确认机组各部温度正常。

注意：

（1）该水电厂因水源处水压较高（不小于 0.4 MPa），为避免水压过高对供水对象造成损害,需先调节各供水对象的进水阀门,使其压力降为供水对象所需的水压(0.2 MPa左右)。

(2)该水电厂技术供水系统的冷却水倒供(正向倒反向、反向倒正向),因水源处压力较高,为避免在冷却水倒供时水压过大,采用的方法是:先关正向(反向)供水切换阀,再开反向(正向)供水切换阀。而部分水电厂在冷却水倒供时,为避免冷却水中断,采用的方法是:先开反向(正向)供水切换阀,再关正向(反向)供水切换阀。

3.3　排水系统运行与维护

3.3.1　排水系统概述

3.3.1.1　排水系统的作用及对象

1. 作用

在水电厂,除技术供水系统外,还有排水系统,主要用来排除生产设备及厂房的渗漏水、检修积水和生活污水等。如果没能及时将这些积水排到下游河道或尾水管内,就会在厂房内造成大面积积水甚至水淹厂房的重大事故,将严重威胁水电厂的安全和生产运行。

2. 排水对象

水电厂的排水对象主要包括生产废水、检修排水和渗漏排水。

(1)生产废水。水电厂的生产废水,主要是技术供水的排水,包括发电机空气冷却器、机组各导轴承冷却水的排水等。它的特点是排水量大,设备位置较高,一般不需设置排水泵,靠自流的形式排至下游河道或尾水管内。

(2)检修排水。为保证机组过水部分和厂房水下部分的检修,必须将水轮机蜗壳、尾水管、引水管道内的积水排除。检修排水的特点是:排水量大,位置较低,只能采用水泵排水。检修排水应当可靠,必须防止因排水系统的某些缺陷引起尾水倒灌,造成水淹厂房的事故。

(3)渗漏排水。机械设备的漏水、水轮机顶盖与大轴密封的漏水、下部设备的生产排水、厂房下部生活用水的排水、厂房水工建筑物的排水、厂房下部消防用水的排水一般都采用渗漏排水。它的特点是排水量小,不集中且很难用计算方法确定,在厂房分布广,位置较低,不能靠自流排至下游情况下,一般都采用集水井收集,再用水泵排水。水轮机顶盖排水,一般采用自流形式排至渗漏集水井,但也有装设排水泵作为水轮机顶盖水位超高时的紧急排水,以防水淹顶盖。

3.3.1.2　排水方式

1. 渗漏排水方式

1)集水井排水

集水井排水方式是各部渗漏水经管道、沟渠汇集流入集水井,再通过水泵将水排出厂外。

此种方式可采用潜水泵、离心泵、深井泵等多种水泵排水,造价便宜、维护较简单,适用于中小型电厂。

2) 廊道排水

廊道排水方式是把厂内各处的渗漏水通过管道汇集到专门的集水廊道内,再由排水设备排到厂外。此种方式多采用立式深井泵,且水泵布置在厂房一端。

设置集水廊道受地质条件、厂房结构和工程量的限制,适用于立式机组的坝后式和河床式水电站,加之立式深井泵的安装、维护复杂,价格昂贵,这种方式一般适用于大中型水电站。

2. 检修排水方式

1) 直接排水

直接排水是指检修排水泵通过管道和阀门与各台机组的尾水管相连,机组检修时,水泵直接从尾水管抽水排出。其排水设备亦多采用卧式离心泵,它可以和渗漏排水泵集中或分散布置。

直接排水方式运行安全可靠,是防止水淹泵房的有效措施,目前,在中小型水电站中采用较多。

2) 间接排水(廊道排水)

廊道排水是指厂房水下部分设有相当容积的排水廊道,机组检修时,尾水管向排水廊道排水,再由检修排水泵从排水廊道或集水井将水抽排出厂外(一般采用深井泵)。

当检修排水采用廊道排水时,渗漏排水也多采用此种方式排水,二者可共用一条集水廊道。条件许可时,渗漏水泵亦可集中布置在同一泵房内。

3.3.2　排水系统的巡视检查与维护

3.3.2.1　排水系统运行规定

(1)渗漏排水泵应以"自动"方式为主要运行方式。正常情况下为一台泵放"自动"、其他泵放"备用"或"轮流",且集水井水位控制应满足现场规定。当渗漏集水井超过整定水位时,应自动启动工作水泵。若水位继续升高达备用水泵启动水位,则应自动启动备用水泵并发信号。当水位下降至正常水位时,则应停止水泵运行。水位过高应发信号。

(2)检修排水泵可采用手动控制,也可采用自动控制。若检修排水泵采用自动控制,当检修集水井水位超过整定水位时,应自动启动工作水泵。若水位继续升高达备用水泵启动水位时,应自动启动备用水泵并发信号。当水位下降至正常水位时,则应停止水泵运行。水位过高应发信号。

(3)如果水泵要求启动前充水或注润滑水,则应将这些操作在自动控制中实现,在水泵启动结束转入正常运行后延时停止充水或注水。

(4)各部定值符合运行规范并不得随意改变,保护及自动装置完好。

(5)排水泵运行中电流异常增大或下降,应立即停止水泵运行,检查排水泵、电动机、传动机构是否有故障、工作效率低或抽空。

(6)排水泵"自动"运行时,必须确定机电设备良好,水位控制系统动作正常,深井泵润滑水系统正常。

(7)禁止水泵长时间空转或停止后反转;排水泵长时间未投入运行,将要投入运行时必须测量其电机绝缘是否合格。

（8）集水井无水或水位低于停泵水位时,水泵一般不允许投入运行,特殊情况下需要运行时若为深井泵,其润滑水不得中断。

（9）排水泵压力表及真空表指针无剧烈跳动。

（10）排水泵频繁启动时,查明原因并进行处理。

（11）两台水泵由同一段母线供电时,应避免两台水泵同时启动,需分别启动投入运行,且水泵启动的时间间隔一般应不低于 10 s。

（12）排水泵出口阀均应开至适当位置,各部冷却水源阀在全开状态。

（13）深井排水泵检修后的首次启动、停泵时间超过 1 h 再次启动及手动启动时,启动前须给水泵充润滑水,检查润滑水流量正常后再启动水泵,以防损坏轴承、轴套。若无润滑水,设法恢复后再启动。

（14）深井排水泵运行中,轴承内的油顺油杯外溢时,应立即停止水泵运行。

（15）深井排水泵止水轴承正常,不应大量漏水。

（16）排水泵室温冬季时不低于 5 ℃,否则设法提高室温。

（17）水泵停运后需间隔一定时间（一般为 5～15 min）才能重新启动运行,以实现空载启动。

（18）若水泵的联轴器采用正反螺纹联结,为防止传动轴脱落,水泵禁止反转。

（19）因倒厂用电或其他原因导致检修、渗漏排水系统控制电源失电,在恢复后,应检查检修、渗漏排水系统控制电源是否供电正常。

（20）排水泵运行时,若需投入轴承冷却润滑水,则其冷却润滑水不得中断,若中断立即停泵。

（21）排水泵电动机绝缘电阻值低于定值（一般为 0.5 MΩ）时,禁止启动。

（22）检修排水泵的台数不应少于两台,若不设备用泵,则至少 1 台泵的流量应大于上、下游闸门总的漏水量。

（23）在检修水泵、厂区水泵长期停用期间,必须做到周期性的检查。

（24）地下厂房检修、渗漏排水系统每天至少巡回检查 1 次,其余排水系统每两周至少巡回检查 1 次,遇特殊情况应增加巡回检查次数。

（25）排水泵发生下列异常问题时,应立刻停泵:

①电动机通电后不转或转速低,发出不正常的鸣叫声。

②电动机转速低,轴承油面看不见或油色发黑。

③电动机运行中有异音,并且发热。

④运行中电流表波动过大或超过额定电流时。

⑤电动机、水泵传动装置有异音,内部有明显的金属摩擦声,水泵振动剧烈。

⑥电动机及电气设备有绝缘焦味、冒烟、着火及其他不良现象。

⑦电动机过热或局部发热,轴承温度过高时。

⑧水泵轴承无润滑油或轴承温度升高。

⑨排水泵轴承冷却水管无水排出。

⑩水泵运行中不出水或水流断续、运行效率低。

⑪水泵密封轴承过热。

(26)正常情况下,水泵有下列情况之一者禁止投入运行:

①深井排水泵润滑冷却水投入不正常。

②深井排水泵不能降压启动或启动不正常。

③水泵运行不吸水或输水管路大量漏水。

④轴承盘根过热或大量漏水。

⑤电动机故障或绝缘不合格。

⑥启动时,电机、水泵有较大异音或异常振动。

⑦集水井水位过低。

3.3.2.2 排水系统的巡视检查

1.排水泵正常运行时检查项目

(1)电源开关、操作把手位置正确。

(2)排水泵运行电流稳定,不超过额定值,各部接线端部不过热。

(3)电气设备及自动装置良好,软启动器工作正常,冷却风机投入,内部无异味。

(4)电动机运行正常,无异音;轴承不过热,无剧烈振动。

(5)磁力启动器无异音,触点无烧黑现象。

(6)排水泵体不振动,内部无异音,进出口阀门位置正确,排水管水流正常,压力表指示正常。

(7)各连接螺丝紧固,无剧烈振动、串动现象。

(8)深井排水泵轴承不过热,止水盘根漏水不过大。

(9)深井排水泵轴承油位合格,润滑水系统工作正常。

(10)深井排水泵启动前的给水时间及启动后的低转速时间正常。

(11)各操作柜内的防潮电热器工作正常,不正常时联系维修处理。

(12)各排水泵的旋转方向为逆时针方向。当排水泵抽尾水管水时,应加强监视水泵电流是否正常,防止排水泵抽空,发现排水泵抽空时,应立即将该泵停止运行。

2.水泵启动前检查项目

当水泵长期停用或检修后,启动前应根据水泵结构进行如下检查:

(1)各部联结螺丝紧固。

(2)各电气回路定值整定符合运行规范。

(3)软启动装置工作正常,电动机转向正确。

(4)电动机接线完好,绝缘合格,接地线完整,保护罩良好。

(5)轴承油位、油质合格。

(6)深井排水泵润滑水系统能正常工作,润滑水电磁阀、示流继电器良好,接线完整。

(7)各继电器、磁力启动器位置正确,触点无烧损现象。

(8)各阀门位置正确,进出口阀全开,检修措施全部恢复。

(9)填料压盖上的螺丝松紧适当,允许有少量漏水。

(10)水泵及电动机周围无异物堆放。

(11)水泵停止时,逆止阀在关闭状态。

(12)按启动按钮启动自动泵,检查运行情况是否良好。

3. 排水系统其他监视或检查项目

(1)监视水泵启停是否正常,CCS(计算机控制系统)上是否有相关设备异常报警信号。

(2)各集水井的水位应符合运行规范,水位控制浮子工作正常,地漏无堵塞,水中无过多油污及杂物。

(3)各排水系统的运行方式正常。

(4)各排水系统动力电源及控制电源供电正常。

(5)各排水系统的阀门位置正确。

(6)各排水系统的所有压力表计指示正常。

(7)各排水系统润滑水压力、流量正常。

3.3.2.3　排水系统的维护

(1)每月试验 1 次渗漏排水泵备用泵启动及集水井水位过高信号。

(2)水泵运行半年后,轴承油盒应换油 1 次。

(3)每年机组大修前检查 1 次检修排水泵。

(4)排水泵具体维护项目如下:

①清理水泵及其电动机周围,确保其清洁、无杂物。

②测定备用排水泵电动机绝缘,若绝缘小于 0.5 MΩ,应进行处理。

③定期对排水泵进行切换。

④定期对排水泵进行启动试验。

⑤装设防洪阀时,每年汛期到来之前,动作试验 1 次。

⑥手动盘动联轴节,检查水泵与电动机转动是否灵活。

⑦更换或向水泵轴承中添注润滑油。

⑧水泵启动前,润滑、冷却水预给水时间正常,水泵停运后不倒转。

⑨调节水泵出口阀门,使水泵在高效区运行。

3.3.3　排水系统的操作

3.3.3.1　排水系统操作注意事项

1. 排水泵操作注意事项

(1)水泵启动前,必须确认冷却、润滑水投入良好,并注意排水去向。

(2)投入联络电源刀闸时,应注意各段电源刀闸的位置。

2. 排水泵运行中的注意事项

(1)同类型排水泵应该"轮流"运行或定期进行"自动""备用"切换。

(2)排水泵放"轮流""自动""备用"运行时,必须确定机电设备良好,水位控制系统动作正常,深井水泵润滑水系统正常。

(3)保护与自动装置良好,定值不得随意改变。

(4)运行电流异常增大或降低时,应立即停止运行,并通知维护处理。

(5)正常情况下,水泵启动频繁,应查明原因及时处理。

(6)禁止水泵长时间空转或停止后反转。

(7)用 500 V 或 1 000 V 绝缘电阻表测定电动机绝缘,若绝缘电阻低于 0.5 MΩ,应进行干燥,合格后再投入运行。

3. 手动启动深井水泵注意事项

(1)深井水泵启动前,应先手动投入润滑水 2~3 min。

(2)深井水泵启动达正常转速不带负荷时,应立即停止运行。

(3)深井水泵启动 4 min 后自耦变压器(降压启动)不能自动切除时,应立即停泵。

(4)深井水泵水位在停止水位以上才能启动。

(5)禁止手按启动按钮直接进行深井水泵启动。

4. 排水泵立刻停泵的情形

排水泵发生下列异常问题时,应立刻停泵:

(1)电动机启动不起来,并且电机有异音时。

(2)电动机转速低,轴承油面看不见或油色发黑。

(3)电动机运行中有异音,并且发热。

(4)运行中电流表波动较大或超过额定电流时。

(5)电动机、水泵传动装置有异音,内部有明显的金属摩擦声,水泵剧烈振动。

(6)电动机及电气设备有绝缘焦味、冒烟及其他不良现象。

(7)电动机过热或局部发热,轴承温度过高时。

(8)水泵轴承无润滑油或轴承温度升高。

(9)排水泵轴承冷却水管无水排出。

(10)水泵运行中不出水或水流断续、运行效率低时。

(11)水泵密封轴承过热时。

注意:排水管路上的前后闸阀应定期开启冲沙,以免泥沙沉积过多而堵死闸阀,特别是在停运时间较长时尤为重要。

3.3.3.2　排水泵的启、停操作

1. 排水泵现地手动启、停操作

(1)确认排水系统机械、电气及控制部分均在正常备用状态。

(2)将水泵控制方式把手切至"现地"位置。

(3)确认集水井水位在停泵水位以上。

(4)确认润滑水流量正常。

(5)在排水控制屏上合上水泵开关。

(6)确认水泵及电动机运行正常,水泵出口水压正常。

(7)集水井到停泵水位时,拉开水泵开关。

(8)确认水泵停运正常。

(9)将水泵控制方式把手切至"远方(现地控制单元 LPU/LCU)"位置。

2. 排水泵 CCS(计算机控制系统)手动启、停操作

(1)确认排水系统机械、电气及控制部分均在正常备用状态。

(2)确认水泵开关柜控制方式把手在"远方(现地控制单元 LPU/LCU)"位置。

(3)确认润滑水流量正常。

（4）确认集水井水位在停泵水位以上。

（5）在 CCS 上手动合上水泵开关。

（6）确认水泵运行正常。

（7）集水井水位下降到停泵水位时，在 CCS 上手动拉开水泵开关。

（8）确认水泵停运正常。

3.3.3.3　排水泵检修做措施及恢复操作

1. 排水泵检修做措施

（1）将检修排水泵运行方式选择把手放在"人工（切除）"位置。

（2）将检修排水泵顺序切换把手放在"第×启动顺序"位置（注：需检修的排水泵应放在启动顺序最末位，若无此切换把手可略去此步骤）。

（3）将水泵控制方式把手切至"现地"位置。

（4）水泵开关在分闸位置。

（5）将水泵开关小车拉至"检修"位置（若为非小车开关，为拉开水泵动力电源开关）。

（6）拉开水泵开关/水泵操作电源开关。

（7）停用水泵电动机保护（取下动力电源熔断器）。

（8）关闭水泵润滑水阀。

（9）关闭水泵出口阀。

2. 排水泵检修完毕恢复备用

（1）开启水泵出口阀。

（2）开启水泵润滑水阀。

（3）确认水泵电机绝缘合格。

（4）合上水泵开关操作电源开关。

（5）启用水泵电动机保护（插上动力电源熔断器）。

（6）确认水泵开关在分闸位置。

（7）将水泵开关小车推至"工作"位置（若为非小车开关，为合上水泵动力电源开关）。

（8）水泵启、停试验正常后，将检修排水系统运行方式选择把手切至"PLC/远方"或"人工"位置。

（9）将水泵控制方式切至"远方"位置。

注：渗漏排水系统的运行操作、检修做措施及恢复等与检修排水系统基本相同。

3.4　气系统运行与维护

3.4.1　气系统概述

3.4.1.1　压缩空气的作用

压缩空气是指空气经压缩后产生的具有一定压力的空气，是一种重要的动力源。压缩空气因获取方便、压力稳定、使用方便、易于储存和输送等优点,在水电厂中得到了广泛应用。水轮发电机组在安装、检修、运行及水工建筑物的日常维护中都用到压缩空气,具体使用项目见表 3-1。

表 3-1 压缩空气使用项目

项目	作用	用气压力/MPa	对空气质量的要求
压油罐充气	在压油罐内充入 2/3 容积的压缩空气,利用压缩空气的弹性、压力变化小的特点,为水轮机调速系统、进水阀等提供稳定、清洁的压力油源	2.5~6.0	清洁、干燥
空气开关灭弧	空气开关的触头断开时,利用压缩空气向触头喷射以灭弧	2.5 或 4.0	干燥、清洁
进水阀密封	进水阀在关闭状态时,向进水阀外围的橡胶围带充压缩空气以封水止漏	0.5~0.7	一般
机组停机制动	停机时,利用压缩空气顶起制动闸瓦,使其与发电机转子制动环间产生摩擦,使机组快速停下来	0.5~0.7	一般
调相运行	反击式水轮发电机组作调相运行时,向转轮室充入压缩空气压低水位,使转轮脱出水面,不在水中旋转,以减少电能消耗	0.5~0.7	一般
风动工具	供各种风铲、风钻、风砂轮等在安装检修作业时使用	0.5~0.7	一般
设备吹扫	施工及运行中清扫设备及管路等	0.5~0.7	一般
破冰防冻	北方冰冻地区,电站取水口处利用压缩空气使深层温水上翻,防止水面结冰	0.5·0.7	一般

3.4.1.2 压缩空气系统组成及分类

1. 组成

压缩空气系统简称气系统,由空气压缩装置、供气管网、测量控制元件和用气设备等组成。气系统的任务是随时满足用户对气量、气压、清洁和干燥等方面的要求。

1)空气压缩装置

空气压缩装置的作用是产生压缩空气,其具体组成及作用如下:

(1)电动机:为空气压缩机提供原动力。

(2)空气压缩机:简称空压机,它是以原动机为动力,将自由空气加以压缩的机械。

(3)空气过滤器:用来过滤大气中所含的尘埃。

(4)储气罐:储气罐可作为气能的储存器,当设备耗气量大时放出气能。储气罐也可作为气能压力调节器,用来缓和压缩机由于断续动作而产生的压力波动。

(5)油水分离器:分离压缩空气中所含的油分、水分,使压缩空气得到初步净化,以减少污染,避免腐蚀管道及用户设备。

(6)冷却器:冷却压缩后的高温气体,一般有风冷式和水冷式两种。

2)供气管网

供气管网是将气源和用气设备联系起来,输送和分配压缩空气的设备。供气管网由干管、支管和各种管件组成。

3)测量和控制元件

测量和控制元件用于保证设备的安全运行和向用气设备提供满足质量要求的合格压缩空气。它包括各种类型的自动化测量、监视和控制元件,如温度信号器、压力信号器、电磁空气阀等。

4)用气设备

用气设备,即气系统中所提及的设备,如压力油罐、制动闸、风动工具等。

2. 分类

水电厂压缩空气系统分为低压、中压、高压 3 种压力等级,一般将气压≤1.0 MPa 称为低压,将 1.0 MPa<气压<10.0 MPa 称为中压,气压≥10.0 MPa 称为高压。

值得一提的是,水电厂高于 10.0 MPa 的用气对象非常少,通常将气系统压力低于 1.0 MPa 的称为低压气系统,压力高于 1.0 MPa 的称为高压气系统。因此,水电厂低压气系统主要指机组刹车制动、调相充气压水、风动工具、吹扫、空气围带及防冻吹冰等用气;高压气系统主要指水轮机调速系统或主阀操作系统的油压装置用气(有的水电厂称其为中压气系统)。

3.4.2　气系统的巡视检查与维护

3.4.2.1　气系统运行规定

1. 气系统运行基本要求

(1)每天应对运行和备用中的气系统至少巡检两次,每周点检两次。

(2)运行中应监视、调整气系统的压力、液位等在规定的范围内运行。

(3)备用中的气系统及其全部附属设备应按规定进行运行维护和巡回检查,其安全及技术规定与运行设备一样,应与运行设备同等对待。

(4)气系统电动机的检查项目参见各水电厂现场的《厂用电和电动机运行规程》中"电动机的监视和检查""电动机启动前的检查"条例。

2. 气系统运行相关规定

(1)正常运行时,空压机控制切换开关置于"自动",由 PLC 控制流程实现空压机的自动轮换、启停和报警功能。

(2)各中、低压气系统投入运行前,应检查机电设备是否具备投入运行条件。

(3)空压机首次或检修后启动前应对电机进行核相,启动后应检查电机的转向,其都应正确。

(4)手动启动空压机时,应待空压机运行稳定后,才允许停止该空压机;手动运行时,只能在一台空压机投入运行正常后,才能启动另一台空压机运行。

(5)空压机冷却方式:中、小型空压机多采用风冷,大、中型空压机多采用水冷。

(6)正常投运的空压机严禁打开压缩机柜门,严禁在取下皮带和风扇防护罩的情况下运行空压机。

(7)手动操作排气阀、排污阀,调整气罐压力,应带耳塞并做好可靠防护;排放压缩空气时,严禁从排气阀前经过;打开空压机的排气阀时,必须缓慢,严禁快速开启该阀门。

(8)值班人员应经常监视低压空压机启动是否频繁、打压时间是否过长,储气罐压力是否在正常范围内变化。若运行时间过长,需查明原因,检查是否有漏风处或用风量过大,检查空压机工作效率是否正常。

(9)当机组临时用气和制动用气发生冲突时,应优先保证制动用气。

(10)遇下列情况之一者,空压机应停止运行,做好安全措施并通知维护检修人员处理。

①电动机故障。

②油温过高。

③油压过高或过低。

④空压机冷却系统不能正常工作。

⑤空压机运行声音异常。

⑥空压机运行时间过长,气压不上升。

⑦电动机缺相,有异音、焦臭味,电流指示不正常。

⑧安全阀动作。

(11)紧急停机按钮只有在空压机发生严重故障而仍在运行时,才可以按下,取消时需通过手动复位来实现。因此,一定要在故障排除完后才能手动复位紧急停机按钮。

(12)压气机及室内应清洁,无积油、积水现象。

3.4.2.2 气系统的巡视检查

1.空压机投运前的检查

(1)新投运、长期停用(停运7 d以上)或检修后的空压机,启动前应测电动机绝缘,其绝缘电阻应合格(不得低于0.5 MΩ)。

(2)检查空压机油位正常,油质合格,无乳化现象。

(3)对水冷空压机检查冷却水压力是否正常。

(4)风扇无破损现象,三角皮带完好,电动机外壳接地完好,附近无妨碍运转的杂物。

(5)各部联结处螺栓无松动及损坏现象。

(6)空压机出口阀全开,管路阀门位置正确。

(7)储气罐进出口阀门全开,排污手动阀全开。

(8)动力电源空气开关、控制空气开关、保险全部投入。

(9)空压机本体柜上电源、指示灯、运行方式指示正确。

(10)PLC电源、指示灯、运行方式切换把手位置正确,无报警信号。

(11)各压力表、温度表、传感器指示正确,压力开关整定值正确。

2.巡视检查内容

(1)电动机运转正常,空压机和电动机各联结螺丝无松动现象,空压机基础螺丝安装牢固。

（2）气系统各阀门状态正确，各管路、阀门、法兰无漏气现象。

（3）空压机传动皮带松紧适度，无跳动、打滑、断裂、松脱现象，风扇防护罩完好。

（4）空压机油位在油标的高、低限之间，油质合格且无漏油现象，油箱油温不超过 70 ℃。

（5）PLC 控制屏面板信号指示正常，动力电源开关、控制开关位置正确，熔断器无熔断，各元件无松动、过热、异味、断线等异常现象。

（6）各压力表、温度表指示在正常范围内，压力传感器显示正常，压力开关整定值正确。

（7）正常运行中若空压机频繁启动，应立即到现场检查是否有用户大量用气，排污电磁阀是否未关严，系统是否大量漏气，并根据具体情况进行相应处理。

（8）运行中无撞击声和异音，气缸及其他部分的温度正常，无变色、异味等现象，且无异常振动。

（9）空压机一级卸载阀及消声器完好，二、三级油水分离器及卸载阀完好，中压空压机一、二、三级安全阀良好。

（10）减震阀安装牢固、无损坏，各级排污阀动作正常。

（11）空压机房内设备洁净、照明充足、标示清楚。

（12）各空压机工作方式正确，控制屏和动力屏各指示灯指示正确，PLC 工作正常。

（13）空压机冷却水示流器、电磁阀完好。

3.4.2.3　气系统的维护

1. 气系统维护基本要求

（1）运行值班人员和设备专责人，应按规定巡视检查压缩空气系统的供气质量和压力，以保证元件（或装置）的正常运行，当发现有异常及漏气现象时，应及时处理。

（2）压缩空气系统的压力表应定期检验，并保证可靠。

（3）机组运行中的低压给气系统，特别是制动给气系统，应保持正常。在机组停机或低压过程中，运行值班人员要注意监视系统各元件（或装置）的动作情况，如发现异常，应及时处理。

（4）运行值班人员应定期对气水分离器和储气罐进行排污，当发现其含水量和含油量过大时，应及时查明原因并进行处理。

（5）每周检查一次全站气系统漏气情况。

2. 中压空压机定期检查维护

（1）每天检查 1 次中压空压机油位、油质、油色，并根据情况更换或加油。

（2）每半年检测 1 次储气罐安全阀，每年检测 1 次空压机的安全阀和调节阀。

（3）每运行 2 000 h 更换中压空压机油箱润滑油，每次换油后都要检查阀门，每次换油后应该用汽油或变压器油进行清洗，每次换油后检查并清洗卸载阀。

（4）每运行 4 000 h 检查齿轮、轴承、活塞、气缸，更换所有阀门。

（5）每年检查清洗空气过滤器，第 3 次清洗后应更换滤芯。

（6）每次维修后，应用手转动压缩机，检查它是否能平缓运行。

（7）中压空压机长期备用未启动时,每 4 周做 1 次 30 min 的测试运行,每 12 周做防腐蚀保护处理。

3.低压空压机的定期检查维护

（1）每天检查 1 次低空压机油位、油质、油色,并根据情况更换或加油。

（2）每周检查 1 次低压空压机油气桶的冷却液的液位,检查前置滤网是否脏堵,如有必要则更换,检查空压机转子出口温度是否正常。

（3）每月检查紧急停车是否灵敏,清洁空气滤芯,如有必要则更换;清洁后部冷却器。

（4）初次使用空压机,运行 1 000 h 更换冷却液、油过滤器,检查进气阀加注油脂,检查螺栓及螺丝,清洁空气过滤器。

（5）第一次运行,30 h 后须检查皮带并加以调整;以后每运行 1 500 h 调整 1 次皮带。更换皮带时将所有的皮带一起更换,不应只更换一条皮带。

（6）运行 500 h 清洁空气滤芯。

（7）运行 2 000 h 检查各管路,更换空气滤芯和油过滤器。

（8）运行 3 000 h,检查进气阀加注油脂,检查电磁阀、泄放阀、压力维持阀、启动器的动作、保护压差开关的动作,更换油气分离器、空气滤芯、油滤芯,清洗冷却器,更换 O 型环,电动机加注润滑油脂。

（9）每运行 6 000 h 更换冷却液、油过滤器、油气分离器。

（10）运行 2 年后,用冷却液做 1 次系统清洗。

（11）运行 20 000 h 更换机体轴承、各油封,调整间隙,测量电动机的绝缘应在 1 MΩ 以上。

3.4.3　气系统的操作

3.4.3.1　空压机操作

1.空压机手动启、停操作

（1）确认储气罐压力在停止压力以下。

（2）将空压机控制方式切至"手动"位置。

（3）确认空压机启动正常。

（4）确认储气罐建压正常。

（5）将空压机控制方式切至"切除"位置,确认空压机停止正常。

（6）将空压机控制方式切至"自动"位置。

2.空压机运行转检修操作

（1）确认空压机储气罐压力正常。

（2）将空压机控制方式切至"切除"位置。

（3）拉开空压机动力电源开关。

（4）拉开空压机控制电源空气开关。

（5）全关空压机的出口阀。

（6）对空压机做安全措施。

3. 空压机检修转运行操作

(1) 检查有关工作票已终结，确认已交代空压机可以投入运行。

(2) 全开空压机出口阀。

(3) 合上空压机动力电源空气开关。

(4) 合上空压机控制电源空气开关。

(5) 确认 PLC 面板上各指示灯指示正确。

(6) 确认储气罐压力在停止压力以下。

(7) 将空压机控制方式切至"手动"位置。

(8) 确认空压机指示灯亮。

(9) 确认空压机运转打压正常。

(10) 将空压机控制方式切至"切除"位置。

(11) 确认空压机停止运行。

(12) 将空压机控制方式切至"自动"位置。

3.4.3.2　气系统储气罐操作

1. 气系统储气罐由运行转检修

(1) 确认气系统运行正常。

(2) 将所有空压机控制方式切至"切除"位置。

(3) 关闭气系统储气罐进气阀。

(4) 关闭气系统储气罐出气阀。

(5) 确认气系统储气罐排污阀开启。

(6) 开启气系统储气罐排气阀进行排气。

(7) 监视气系统储气罐排压至零。

(8) 对气系统储气罐做安全措施。

2. 气系统储气罐由检修转运行

(1) 收回相关工作票。

(2) 拆除气系统储气罐安全措施。

(3) 确认气系统储气罐无压。

(4) 确认气系统储气罐排污阀全关。

(5) 确认气系统储气罐出气阀关闭。

(6) 确认气系统储气罐测压表阀开启。

(7) 全开气系统储气罐进气阀。

(8) 先将一台空压机控制方式切至"手动"位置。

(9) 确认气系统储气罐建压正常。

(10) 确认气系统储气罐压力达到正常范围。

(11) 将空压机控制方式切至"自动"位置。

(12) 开启气系统储气罐出气阀。

(13) 确认供气系统运行正常。

注：因中、低压气系统空压机、储气罐的操作基本相同，上述操作也适用于低压气系统。

3.4.3.3 机组机械制动系统充风试验

1. 试验条件

(1)压缩空气系统检修工作全部完成,压缩机处于正常运行状态,风闸气源气压合格。

(2)发电机的制动系统检修完毕,制动器已投入运行。

(3)水轮机自动控制系统检修完毕。

2. 试验方法及步骤

(1)检查管路及各元件接头无漏气。

(2)投入控制电源。

(3)分别以手动和自动方式进行制动系统试验,全过程的动作应正常。

(4)无异常后,恢复正常运行状态。

3. 风闸充风试验实例

某水电厂制动用气系统如图 3-3 所示,现以其为例介绍机组风闸充风试验方法及步骤,具体如下:

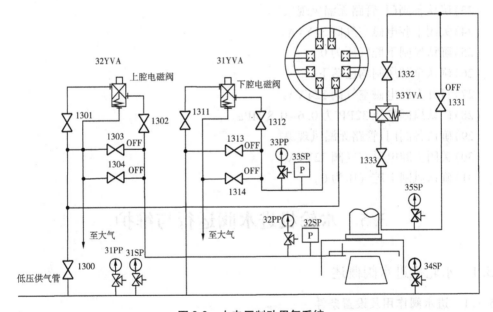

图 3-3 水电厂制动用气系统

(1)确认制动风源气压 31PP 正常(0.6~0.8 MPa)。

(2)关闭下腔排气阀 1312。

(3)打开下腔给气阀 1313。

(4)确认风闸下腔气压 33PP 为 0.6~0.8 MPa。

(5)确认压力继电器 33SP 工作正常。

(6)确认全部风闸均已顶起。

(7)确认各阀门、管路无漏气现象。

(8)关闭给气阀 1313。

（9）打开排气阀 1312（此时 1314 应在关闭位置）。

（10）确认风闸下腔气压 33PP 为 0。

（11）确认全部风闸均已落下。

（12）关闭上腔排气阀 1302。

（13）打开上腔给气阀 1303。

（14）确认风闸上腔气压 32PP 为 0.6~0.8 MPa。

（15）确认压力继电器 32SP 工作正常。

（16）确认各阀门、管路无漏风现象。

（17）关闭上腔给气阀 1303。

（18）打开上腔排气阀 1302（此时 1304 应在关闭位置）。

（19）确认风闸上腔气压 32PP 为 0。

（20）打开下腔电磁空气阀 31YVA。

（21）确认风闸下腔气压 33PP 为 0.6~0.8 MPa。

（22）确认全部风闸均已顶起。

（23）确认各阀门、管路无漏风现象。

（24）关闭下腔电磁空气阀 31YVA。

（25）确认风闸下腔气压为 0。

（26）确认全部风闸均已落下。

（27）打开上腔电磁空气阀 32YVA。

（28）确认风闸气压 32PP 为 0.6~0.8 MPa。

（29）确认各阀门、管路无漏风现象。

（30）关闭上腔电磁空气阀 32YVA。

（31）确认风闸上腔气压为 0。

3.5　水轮机进水阀运行与维护

3.5.1　水轮机进水阀概述

3.5.1.1　进水阀作用及设置条件

1. 作用

安装在水轮机蜗壳渐变段前的压力钢管上的阀门称为水轮机的进水阀,又称主阀。进水阀的作用如下：

（1）作为机组过速的后备保护。当机组甩负荷又恰逢调速器发生故障不能动作时,进水阀可以迅速在动水情况下关闭,切断水流,防止机组过速的时间超过允许值,避免事故扩大。

（2）可减少水轮机导叶的漏水量。

（3）使水轮机具备运行的灵活性和速动性。

（4）当水电站由一根总引水管引水,同时供给几台机组发电时,每台机组前需装 1 只进水阀。这样当一台机组检修时,只需关闭该机的进水阀,而不会影响其他机组的正常运行。

2. 设置条件

基于上述作用,设置进水阀是必要的,但因其设备价格较高,安装工作量较大,还要增加土建费用,并非所有电站都必须设置进水阀,是否设置进水阀应满足以下条件:

(1)当一根输水总管供给几台水轮机用水时,应在每台水轮机前设置进水阀。

(2)对水头大于 150 m 的单元输水管,应在水轮机前设置进水阀,同时在进水口设置快速闸门,原因是高水头水电站的压力引水管道较长,充水时间长,且水头越高,导叶漏水越严重,能量的损失也越大。

(3)对最大水头小于 150 m,且长度较短的单元输水管,如坝后式电站,一般是在进水口设置快速闸门,在水轮机前是否设置进水阀,应做相关的技术经济比较。

3.5.1.2　进水阀类型及特点

水轮机常用的进水阀主要有蝴蝶阀、球阀、圆筒阀及快速闸门等。

1. 蝴蝶阀

蝴蝶阀简称蝶阀,它是用圆形蝶板作启闭件,并随阀杆转动来开启、关闭和调节流体通道的一种阀门。蝶阀一般适用于水头 200 m 以下的水电站,更高水头时应和球阀进行选型比较。蝶阀的优点是比其他形式的阀门外形尺寸小、重量轻、结构简单、造价低、操作方便,能在动水下快速关闭。其缺点是蝶阀活门对水流流态有一定影响,引起水力损失和气蚀,这在高水头电站尤为明显,因为水头增高时,活门厚度和水流流速也相应增加。此外,蝶阀密封不如其他形式的阀门严密,有少量漏水,围带在阀门启闭过程中容易擦伤而使漏水量增加。

蝶阀主要由圆筒形的阀体、在阀体中绕轴转动的活门、阀轴、轴承、密封装置及操作机构等组成。

2. 球阀

球阀主要由两个半球组成的可拆卸的球形阀体和圆筒形活门组成。球阀主要用于截断或接通介质,也可用于流体的调节与控制。与其他进水阀相比,球阀具有的优点如下:在开启状态时,其过水断面的面积与压力管道断面面积相等,水力损失很小,有利于消除球阀过流时的振动,提高水轮机的工作效率;球阀在关闭状态时,其承受水压的工作面为一球面,这与平面结构相比,不仅能承受较大的水压力且漏水量也小;球阀能满足高水头电站的要求,目前一般管道直径在 3 m 以下,水头在 200 m 以上常采用球阀;球阀还具有操作力矩小,可动水紧急关闭等特点。其不足是:体积大、重量大、造价较高。

球阀通常采用卧式结构,其主要部件包括球形阀体、圆筒形活门、阀轴、轴承、密封装置及操作机构等。

3. 圆筒阀

传统的进水阀都是设在水轮机蜗壳前的延伸管上,而且还需要伸缩节、旁通阀、空气阀等一系列的配套设备,这些设备的布置大大增加了厂房的宽度。而圆筒阀最大的特点就是结构紧凑,用它可以大大减小厂房的宽度,且它在全开位置时的水力损失为 0。但是,圆筒阀一般不能像其他进水阀那样作检修阀门用,只能起事故阀门及停机后的止水作用。所以,由一根输水总管同时向几台水轮机输水的水电站不宜采用圆筒阀。

圆筒阀由圆筒形的阀门、阀门操作机构和控制机构三个基本部分组成。圆筒阀的筒形阀腔由水轮机的顶盖、底环和座环的结合面组成。

4. 快速闸门

快速闸门是引水钢管破裂或机组发生飞逸等异常情况时,为避免事故扩大需在规定的时间内快速动作的闸门,一般设置在机组引水管进口处。在机组发生过速事故时,快速闸门一般应在 2 min 内关闭完成,以阻止机组过速事故继续发生。

3.5.1.3　进水阀的技术要求及操作条件

1. 进水阀技术要求

(1)机组在任何运行工况下,进水阀应能动水关闭且不产生有害振动。

(2)机组正常停机或检修时,进水阀应能可靠关闭。进水阀应具备动水关闭功能,导水机构拒动时应能动水关闭。应保证工作闸门(主阀)在最大流量下动水关闭时,关闭时间不超过机组在最大飞逸转速下允许持续运行的时间。

(3)进水阀活门工作状态应处于全开或全关位置,不作调节流量用。

(4)在进水阀两侧压力差不大于 30% 最大静水压时,应能正常开启。

(5)蝴蝶阀活门密封宜采用围带密封,并设置在阀的下游侧,围带与密封座应有足够的压紧量。

(6)进水阀在全关位置应设置可靠的自动液压锁锭装置,全开、全关位置应设置检修用的手动机械锁锭装置。

(7)进水阀应设置旁通阀,或采用能起相同作用的其他结构。旁通阀的公称直径一般为进水阀公称直径的 10%。

(8)进水阀应设置空气阀,空气阀应具有自动进气、排气的功能,公称直径不小于进水阀公称直径的 5%～10%。

(9)进水阀应设置伸缩节,其结构应装拆方便,伸缩节密封不得漏水。

(10)旁通阀、空气阀前一般应设置检修阀门。

(11)进水阀应能自动或手动操作,一般设有以下信号装置:

①活门开启和关闭位置信号。

②移动密封环位置信号。

③锁锭投入和拔出信号。

④旁通阀开关信号。

⑤活门上、下游压差信号。

⑥空气围带压力信号(若有)。

2. 进水阀操作条件

1)进水阀开启条件

水电站进水阀的结构、功用、操作机构、自动化元件和启闭程序各不相同,进水阀的操作系统也多种多样,不论哪一种形式和操作方式的进水阀,在开启时一般都须满足以下条件:

(1)进水阀上、下两侧的水压基本相等。

(2)密封装置退出工作位置。

(3)锁锭退出。

2)进水阀正常关闭条件

进水阀在正常关闭时,也应满足如下两个基本条件:

(1)水轮机导叶完全关闭。

(2)锁锭退出。

以上所述为进水阀在静水中开启和关闭的情况,当进水阀运转到达全开或全关位置后,锁锭必须重新投入。在发生事故时,进水阀可进行动水紧急关闭,即进水阀在接到事故关闭信号后,只需将锁锭退出,就可在水轮机导水叶没完全关闭的情况下进行关闭。

3.5.2　进水阀的巡视检查与维护

3.5.2.1　进水阀运行规定

1. 球阀运行规定

(1)机组在任何运行工况下,进水球阀都能动水关闭。

(2)球阀开启前,必须进行阀后充水平压,待平压后,方可进行开启操作。

(3)严禁在球阀摇摆式接力器上行走或站立,并不得有妨碍动作之物。

(4)球阀的活门只处于全开或全关位置,不可作调节流量用。

(5)球阀可手动、现地自动和远方自动操作,可在现地和远方监控。控制箱上"现地/远方"切换开关正常运行时在"远方"位置。

(6)正常运行时,球阀上游侧检修密封不投入,机械锁锭装置退出,只有在机组检修,给检修人员构成必要的检修条件时才投入,且机械锁锭必须投入。下游侧工作密封在球阀正常关闭后投入,球阀开启前必须退出。

(7)正常运行时,球阀全关后,自动锁锭应投入;球阀开启前,自动锁锭应退出。

(8)正常运行时,配水环管排水阀应全关;只有在机组检修,需排除配水环管内余水,给检修人员构成必要的检修条件时全开。

(9)正常运行时,球阀前端高压水排水阀、轴心排水阀、球阀前端高压水、轴心总排水阀均应全关。在需退出球阀检修密封时,应开启球阀前端高压水排水阀及轴心排水阀,待检修密封退出后,将其关闭。如需排出压力钢管余水,则将球阀前端高压水排水阀及前端高压水、轴心总排水阀开启。

2. 蝶阀运行规定

(1)正常运行时水轮机组与蝶阀须联动,当水轮机组发生事故时,应向蝶阀发出信号使蝶阀自动关闭。

(2)机组任何运行工况下,蝶阀都应能动水关闭。

(3)蝶阀开启前,必须进行阀后充水平压,待平压后,方可进行开启操作。

(4)蝶阀可现地自动和远方自动操作,可在现地和远方监控。正常运行时,控制箱上"现地/远方"控制开关在"远方"位置。

(5)蝶阀全开时,液压锁锭必须投入,并同时输出锁锭投入、拔出信号。

（6）正常运行时，蝶阀上旁通液压阀前端阀必须全开。

（7）严禁在蝶阀重锤下行走或站立，防止因失电或误操作时重锤突然落下。

（8）水轮机组运行时，应对蝶阀全开信号进行监控，确保蝶阀在全开状态下运行。

3. 进水口工作闸门运行规定

（1）主阀在平压条件下，应能正常开启。进水口工作闸门启闭操作应符合设计规定。

（2）进水口工作闸门（或主阀）只允许运行在全开或全关位置。

（3）进水口工作闸门（或主阀）操作的水源、电源或压力油源应安全可靠。

（4）进水口工作闸门（或主阀）应能自动和手动操作，现地和远程监控功能应可靠完备。

（5）进水口工作闸门（或主阀）在开启和关闭过程中，应动作灵活可靠，位置准确，液压系统的工作压力不超过规定值。

（6）进水口工作闸门（或主阀）应能按设计要求在动水条件下关闭，关闭时间应满足机组防飞逸保护的要求。

（7）进水口工作闸门应具备中控室硬接线紧急关闭功能。

（8）每台机组进水口前一般均设置有 1 扇拦污栅、1 扇检修闸门门槽和 1 扇工作闸门，当机组发生事故时，工作闸门能在 2 min 内关闭。

（9）机组进水口拦污栅堵塞或拦污栅压差超过设定值（如 4 m）时，应联系集控中心机组限负荷运行，并根据情况进行停机清污。

（10）机组进水口工作闸门、检修闸门及尾水闸门的启闭操作，必须得到运行值班负责人许可；机组开机、停机操作，必须得到集控中心当班调度的许可。

（11）机组工作闸门、尾水闸门的操作顺序为：工作闸门开启时，先开尾水闸门，后开工作闸门；工作闸门关闭时，先关工作闸门，后关尾水闸门。

4. 圆筒阀运行规定

（1）正常情况下，导叶关闭后方可投入圆筒阀，正常停机时圆筒阀应关闭。

（2）圆筒阀卡阻时，其控制系统应停止运行并发报警信号。

（3）圆筒阀的油压装置油压降至事故低油压动作值时，圆筒阀应动水关闭。

（4）圆筒阀电源消失时，应能手动操作关闭圆筒阀。

3.5.2.2　进水阀的巡视检查

1. 进水阀开启前的巡视检查

（1）导水叶全关，调速器主供油阀开启，调速系统处于正常状态。

（2）蜗壳进人孔、尾水进人孔关闭严密。

（3）蜗壳排水阀关闭。

（4）尾水闸门已提起。

2. 蝶阀运行中的巡视检查

（1）检查蝶阀控制箱上控制开关是否在"远方自动"位置，蝶阀、旁通阀、锁锭销和交直流电源状态指示是否正确。

（2）蝶阀控制柜中，两台保压电动机启动是否在"自动"运行位置，且自动启停是否正常。

(3)检查各电磁阀位置是否正确,有无过热现象,接线有无松脱,检查油箱油位在关闭状态下是否位于观察窗中间位置。

(4)确认液压操作的主阀压油罐油位、油压正常,无渗漏,高压软管无变形或破裂,保压电动机启动不频繁,压力正常。

(5)确认蝶阀、旁通阀和空气阀的位置正确,平压管路工作正常,无渗漏水现象。

(6)确认建筑物基础无裂缝、变形,重锤下面无阻挡物。

(7)确认控制装置工作正常,无渗漏,仪器仪表指示正确。

(8)确认进水口固定卷扬机的电源及控制系统正常。

3. 球阀运行中的巡视检查

(1)球阀油压装置控制屏上无报警信号,1#、2#油泵控制开关均在"自动"位置,液晶触摸屏上各运行参数显示正确。

(2)球阀油压装置控制屏柜内交直流输入开关电源接线正确、无过热现象,软启动器上无故障信号、接线正确,二次接线无过热、松脱现象,各继电器插接稳固,外壳无损坏现象,继电器接点无毛刺,动作可靠。

(3)球阀油压装置油泵运行无异音,电机引线及接地线完好,风扇固定良好不刮外罩,运行时各部温度正常。回油箱油位、油质正常。回油箱内无杂质、油垢,滤网完好。各油压开关、油管路法兰正常,连接接头无渗漏油。各阀门开关位置正确。压力油罐油压、油位正常;各油位开关定值正确,端子无松动。自动补气阀处于自动状态,无漏气现象。压力油罐安全阀无漏气现象;压力油罐排油阀在关闭状态。油泵出口安全阀在额定油压时完全关闭。

(4)控制屏上球阀全开、全关,旁通阀全关、全开,工作密封、检修密封投入、拔出指示灯显示与实际运行工况相符,"现地/远方"控制开关在"远方"位置,柜内交直流输入开关电源接线正确、无过热现象,PLC 运行正常,无故障信号,二次接线无过热、松脱现象。各电磁操作阀、液压操作阀无发热发卡现象,接头无渗漏油现象。加热除湿装置工作正常,接线无松脱现象。

(5)球阀开/关行程开关、工作密封/检修密封行程开关及锁锭投入/退出位置与实际运行工况相符。旁通阀连接法兰处无渗水现象,旁通管及各油管路安装稳固,无异常振动,各油管路连接接头无渗漏油现象。配水环管排水阀应全关,阀门无损坏现象。球阀接力器连接软管无渗漏油现象,无妨碍运转之物,动作平稳。

(6)球阀下游侧流道顶部空气阀的开关应自动、可靠,关闭后严密不漏。上下游压力差的差压信号装置接线正确、无松脱现象,上、下游压力表压力显示正常。

4. 快速闸门运行中的巡视检查

(1)动力盘各元件位置正确,指示灯指示正确。

(2)各刀闸开关无过热现象,运行工况良好,无异音。

(3)开度指示仪指示位置正确。

(4)整流器红灯亮,表计指示正确。

（5）盘内压板投入正确。.

（6）闸门开度仪显示正常，无告警信号，油系统压力正常。

（7）快速闸门在开启或关闭过程中，各阀、油管路接头与焊口均无渗漏现象。

（8）在快速闸门开启过程中，各表计指示平衡。

（9）正常运行中各电磁阀的接线，电接点压力表的接线均处于良好状态，没有松动、脱落现象。

（10）集油槽油位不低于"零"线。

（11）集油槽油温不低于 10 ℃。

（12）正常运行中，各电器没有过热现象。

（13）快速闸门在全开位置时，应检查开度仪指示在接近满行程（如 8.9 m）左右，全关位置时，开度仪指示是否为负值。

3.5.2.3　进水阀的维护

（1）长期闭合的蝶阀附近会有泥沙沉积区，这些泥沙会对蝶阀的开合形成阻力。开启时，应反复做开合动作，促使沉积泥沙松动。若发现蝶阀附近经常有泥沙沉积现象，应经常开关蝶阀，以利于积沙的排除，同样对于长期不启闭的蝶阀，也应定期运转一两次，以防止锈死或淤死。

（2）对于电动进水阀，电动装置拆卸维修后，应重新将其转矩限制机构调整到给定的扭矩范围内。

（3）定期检查进水阀轴端，如有泄漏应及时更换填料；定期向接力器活塞开启腔补油。

（4）定期校核进水阀的全开及全关位置，一般进水阀全关时指示器在零位，全开时指示器在 90°位置。

（5）进水阀在全关或全开时，检查各锁锭销子是否在相应投入位置。

（6）进水阀集油箱的油面在正常范围内，操作油和润滑油颜色正常。

（7）进水阀、旁通阀及空气围带、给排气操作器具都应在正确位置，油泵的电动机电磁开关把手在正常工作位置。

（8）进水阀（竖轴）上下导轴承处的排水管不应排压力水，进水阀（横轴）两端不应漏水。

（9）冷却水系统各阀在正常位置，总水压在规定范围内，压力钢管和蜗壳的排水阀全关且无漏水。

3.5.3　进水阀的操作

3.5.3.1　进水阀操作注意事项

（1）开启进水阀/工作闸门之前，应做好下列工作：

①蜗壳、尾水管进人孔确已封闭严密。

②机组尾水放空阀及蜗壳放空阀全关，压板锁紧。

③油压装置恢复自动方式控制，调速器主供油阀全开。

④调速器在"机手动"或"电手动"控制。

⑤导叶全关,接力器锁锭投入,必要时投入事故停机电磁阀或过速限制器。

⑥机组密封水投入正常,水封橡胶块顶起良好。

⑦机组进水口检修闸门和尾水闸门在全开。

(2)机组检修关闭进水阀/工作闸门前的注意事项:

①机组控制、信号电源不得切除。

②油压装置工作正常。

③漏油泵装置工作正常。

④机组调速系统、测速装置、水机保护等不得进行检修、操作和联动试验。

(3)需关闭进水阀/快速闸门,必要时关闭尾水闸门的情况:

①各轴承、导叶轴套、真空破坏阀检修时。

②油压装置排油、排压、失去压力时。

③调速器检修时。

④接力器检修时。

⑤主轴工作密封或检修密封检修时。

⑥事故配压阀分解检修时。

⑦打开压力钢管进人孔、蜗壳进人孔或尾水管进人孔时。

⑧蜗壳排水阀或钢管排水阀检修时。

⑨多个导叶剪断销剪断,导致导叶失控时。

3.5.3.2 蝶阀的操作

1.蝶阀开启操作

1)现地开启蝶阀操作

(1)蝶阀全关,蝶阀操作切换开关置"现地"位置。

(2)按下蝶阀旁通阀开启按钮,开启旁通阀平压,蝶阀前后压差小于 0.45 MPa。

(3)蝶阀前后压差(平压)指示灯点亮时,按下蝶阀液压锁锭销解除按钮,解除液压锁锭销,开启蝶阀。

(4)蝶阀全开后,按液压锁锭销投入按钮,液压锁锭销投入。

(5)按下蝶阀旁通阀关闭按钮,关闭旁通阀,蝶阀开启操作完毕。

(6)根据需要将蝶阀切至"远方自动"位置。

2)远方开启蝶阀操作

(1)蝶阀全关,蝶阀操作切换开关置"远方"位置。

(2)在监控装置上发"开阀"指令,自动开启蝶阀。

(3)监视蝶阀开启流程执行情况,必要时手动帮助。

2.蝶阀关闭操作

1)纯手动关蝶阀操作

(1)手动拔出锁锭销。

(2)开启蝶阀操作柜内手动阀排油。

(3)在重锤和动水的共同作用下,蝶阀自动全关。

(4)手动投入锁锭销。

(5)关闭蝶阀操作柜内手动阀。

2)现地关闭蝶阀操作

(1)蝶阀全关,蝶阀操作切换开关置"现地"位置。

(2)按下蝶阀液压锁锭销解除按钮,解除液压锁锭销。

(3)在重锤和动水的共同作用下,蝶阀自动全关。

(4)按下蝶阀液压锁锭销投入按钮,投入液压锁锭销。

(5)根据情况需要将蝶阀切至"远方自动"位置。

3)远方关闭蝶阀操作

(1)蝶阀全开,蝶阀操作切换开关置"远方"位置。

(2)在监控装置上发"关阀"指令。

(3)监视蝶阀关闭流程执行情况,必要时手动帮助。

3.蝶阀大修措施操作

(1)关闭蝶阀。

(2)关闭检修闸门。

(3)关闭尾水管闸门。

(4)打开蜗壳排水阀、钢管排水阀。

(5)将蝶阀油泵切换把手切至"切除"位置。

(6)拉开蝶阀油泵电源刀闸,检查在开位。

(7)取下蝶阀操作回路熔断器 3 只。

(8)将围带密封推向排风侧。

(9)关闭围带密封风源阀。

4.蝶阀大修恢复措施操作

(1)装上蝶阀操作回路熔断器 3 只。

(2)合上蝶阀油泵电源刀闸,检查在合位。

(3)将蝶阀油泵切至"自动"位置。

(4)关闭蝶阀。

(5)打开围带密封风源阀。

(6)围带密封电磁阀推向给风侧。

(7)关闭蜗壳排水阀、钢管排水阀。

3.5.3.3　球阀的操作

1.球阀开启操作

1)球阀的开启条件

(1)调速器系统正常,动作可靠,且喷针、折向器全关。

(2)配水环管排水阀、球阀前端高压水排水阀、轴心排水阀应全关。

(3)球阀油压装置各部工作正常。

(4)机组具备空转条件。

(5)球阀在全关位置。

2)现地开启球阀操作

(1)水轮机导叶(喷针、折向器)全关,调速器系统正常,球阀操作切换开关置"现地"位置。

(2)按下球阀接力器锁锭退出按钮,退出球阀接力器锁锭。

(3)按下球阀旁通阀开启按钮,开启旁通阀向配水环管开始充水,待平压,球阀前后压差小于 0.5 MPa。

(4)按下球阀工作密封退出按钮,退出工作密封。

(5)当工作密封退出后,按下球阀开启按钮,开启球阀。

(6)球阀全开后,按下球阀旁通阀关闭按钮,关闭旁通阀,球阀开启操作完毕。

3)远方开启球阀操作

(1)球阀操作切换开关置"远方"位置。

(2)在监控装置上发"开球阀"指令,自动开启球阀。

(3)监视球阀开启流程执行情况,必要时手动帮助。

2.球阀关闭操作

1)球阀关闭情况

出现下列情形之一,球阀将自动关闭:

(1)机组事故停机过程中,调速器故障。

(2)机组过速至$140\%n_e$以上。

(3)按下紧急事故停机按钮。

(4)调速器事故低油压。

2)现地关闭球阀操作

(1)水轮机导叶(喷针、折向器)全关,调速器系统正常,球阀操作切换开关置"现地"位置。

(2)手动按下球阀关闭按钮,关闭球阀。

(3)球阀全关后,按下球阀工作密封投入按钮,投入工作密封。

(4)按下球阀接力器锁锭投入按钮,投入球阀接力器锁锭。球阀关闭操作完毕。

3)远方关闭球阀操作

(1)球阀操作切换开关置"远方"位置。

(2)在监控装置上发"关球阀"指令。

(3)监视球阀关闭流程执行情况,必要时手动帮助。

3.5.3.4　快速闸门的操作

图 3-4 为某水电厂快速闸门操作系统,以其为例分析手动开快速闸门及手动关快速闸门的操作流程及其注意事项。

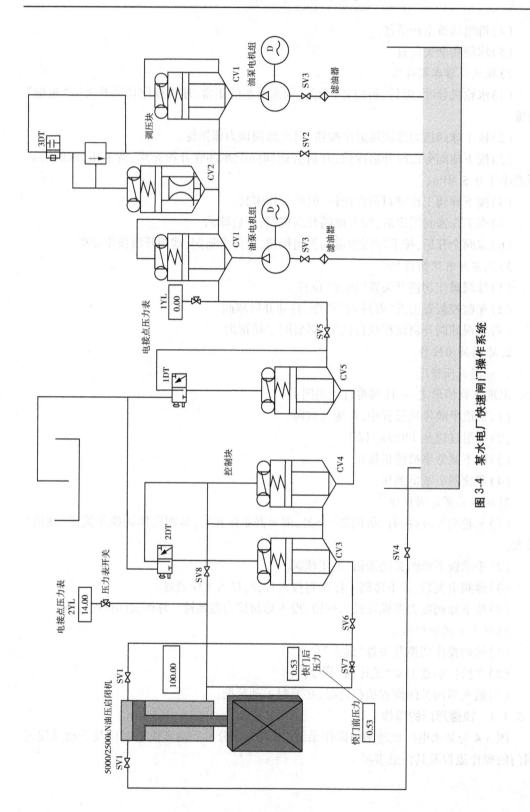

图 3-4　某水电厂快速闸门操作系统

1. 快速闸门开启操作

1) 手动开快速闸门操作

(1) 确认快速闸门 SV1、SV2、SV3、SV4、SV5、SV6、SV8 阀都处于开启位置。

(2) 确认快速闸门 SV7 阀处于关闭位置(开度为 0)。

(3) 确认快速闸门电磁阀 1DT 在供油侧。

(4) 确认快速闸门电磁阀 2DT 在供油侧。

(5) 确认快速闸门电磁阀 3DT 在开启侧。

(6) 将快速闸门"现地/远方"切换开关切至"现地"位置。

(7) 将快速闸门一号油泵切换开关切至"手动"位置。

(8) 检查快速闸门一号油泵运行正常,油压 1YL 合格(4.0 MPa)。

(9) 将快速闸门电磁阀 3DT 推向关侧。

(10) 确认插装阀 CV2 关闭。

(11) 确认快速闸门 1YL 油压表油压上升至 14.0 MPa。

(12) 将快速闸门电磁阀 1DT 推向排油侧。

(13) 确认 CV5 打开。

(14) 确认 CV4 打开。

(15) 确认快速闸门开度打开至 5%(进水阀/快速闸门开启前,需使阀门前后压力相等,平压后再开)。

(16) 将快速闸门电磁阀 1DT 推向供油侧。

(17) 确认快速闸门开度停止上升。

(18) 确认快速闸门前后均压。

(19) 将快速闸门电磁阀 1DT 推向排油侧。

(20) 确认快速闸门开度打开至 100%。

(21) 将快速闸门电磁阀 1DT 推向供油侧。

(22) 确认快速闸门全开灯亮。

(23) 将快速闸门一号油泵切换开关切至"投入"位置。

(24) 将快速闸门切换开关切至"远方"位置。

(25) 确认快速闸门一号油泵停止。

(26) 复归"快速闸门一号油泵未自动"光字牌。

注意:插装阀 CV2 为油泵空载/轻载启动阀,由电磁阀 3DT 控制其开或关。当 3DT 推向关侧,CV2 控制腔接排油,CV2 开启,其输出的油排至回油箱,油泵为空载/轻载启动。当油泵电机转速达到额定转速后,也即空载/轻载启动完成后,将 3DT 推向开侧,则 CV2 控制腔接压力油,CV2 关闭,油泵轴出的油不再流回回油箱,油压才会升高到额定值。

2) 自动开启快速闸门操作

自动开启快速闸门分远方自动和现地自动两种。

远方自动操作在上位机操作员工作站进行,在上位机上调出快速闸门系统操作画面,点击闸门开启按钮,即可按照快速闸门开启流程实现自动开启操作。

　　现地自动操作是在快速闸门室进行的,通过操作快速闸门 PLC 盘上的闸门开启按钮,同样可实现自动开启快速闸门操作,其具体操作步骤如下:

　　(1)确认导叶全关,快速闸门全关。

　　(2)将快速闸门"现地/远方"切换开关切至"现地"位置。

　　(3)确认一号泵转换开关、二号泵转换开关均位于自动位置。

　　(4)按下快速闸门开启按钮。

　　(5)监视快速闸门自动开启流程。

　　(6)确认快速闸门全开指示灯亮。

　　(7)将快速闸门"现地/远方"切换开关切至"远方"位置。

　2. 快速闸门关闭操作

　1)手动关闭快速闸门操作

　　(1)确认快速闸门电磁阀 1DT 在供油侧。

　　(2)确认快速闸门电磁阀 2DT 在供油侧。

　　(3)确认快速闸门 SV6 阀在开启位置。

　　(4)确认快速闸门 SV7 阀在关闭位置。

　　(5)确认快速闸门 SV8 阀在开启位置。

　　(6)将快速闸门"现地/远方"切换开关切至"现地"位置。

　　(7)将快速闸门一号油泵切换开关切至"切除"位置。

　　(8)将快速闸门二号油泵切换开关切至"切除"位置。

　　(9)将快速闸门电磁阀 2DT 推向排油侧。

　　(10)确认快速闸门开度为 0。

　　(11)确认快速闸门全关指示灯亮。

　　(12)将快速闸门一号油泵切换开关切至"投入"位置。

　　(13)将快速闸门二号油泵切换开关切至"投入"位置。

　　(14)将快速闸门"现地/远方"切换开关切至"远方"位置。

　　(15)复归"快速闸门一号、二号油泵未自动"光字牌。

　　(16)将"快速闸门电磁阀 2DT"推向供油侧(为下次开快速闸门做准备)。

　　注意:除动作"关快速闸门电磁阀 2DT"可以将快速闸门关闭外,由系统图中可以看到,在失电、失去液压等任何情况下,都可通过将 SV7 开启一定开度,从而使快速闸门关闭,进而保障机组在紧急情况下的安全。

　2)自动关闭快速闸门操作

　　同样,自动关闭快速闸门也分远方自动和现地自动两种。

　　远方自动操作在上位机操作员工作站进行,在上位机上调出快速闸门系统操作画面,点击闸门关闭按钮,即可按照快速闸门关闭流程实现自动关闭操作。

　　现地自动操作是在快速闸门室进行的,通过操作快速闸门 PLC 盘上的闸门关闭按钮,就可将快速闸门自动关闭,此时一般也无须将快速闸门"现地/远方"切换开关切至"现地"位置。

第 4 章　电气一次设备运行与维护

4.1　变压器运行与维护

4.1.1　变压器概述

4.1.1.1　变压器作用及分类

1. 作用

变压器是一种改变交流电源的电压、电流而不改变频率的静止电气设备,它具有两个(或几个)绕组,是在相同频率下,通过电磁感应将一个系统的交流电压和电流转换为另一个(或几个)系统的交流电压和电流而借以传送电能的电气设备。通常它所连接的至少两个系统的交流电压和电流值是不相同的。

2. 分类

(1)按相数分为单相和三相变压器两种。

(2)按绕组数量分为双绕组、三绕组和自耦电力变压器三种。

①双绕组变压器是指有高压绕组和低压绕组的变压器。

②三绕组变压器是指有高压绕组、中压绕组和低压绕组的变压器。

③自耦电力变压器是指一次侧、二次侧共用一部分绕组的变压器,其特点是一、二次侧绕组之间不仅有磁的联系,还有电的联系。自耦电力变压器体积小、重量轻,便于运输、造价低。

(3)按容量分为中小型、大型和特大型三种。

①中小型变压器:电压为 35 kV 以下,容量在 10~6 300 kVA。

②大型变压器:电压为 63~110 kV,容量在 6 300~63 000 kVA。

③特大型变压器:电压为 220 kV 以上,容量在 31 500~360 000 kVA。

(4)按用途分为电力变压器、专用电源变压器、调压变压器、测量变压器(电压互感器、电流互感器)、小型电源变压器(用于小功率设备)和安全变压器等。

(5)按变压器的冷却方式分为油浸自冷(ONAN)、油浸风冷(ONAF)、强迫油循环风冷(OFAF)、强迫油循环水冷及风冷式。

4.1.1.2　变压器组成

变压器主要由铁芯和线圈组成,此外还包括器身、油枕、绝缘套管及分接开关等部件。

1. 铁芯

变压器铁芯是变压器的磁路部分,一般由硅钢片制作而成,硅钢本身是一种导磁能力很强的磁性物质,在通电线圈中产生较大的磁感应强度,从而使变压器的体积缩小。

2. 线圈

变压器线圈是变压器的电路部分,由电导率较高的铜导线或铝导线绕制而成,绕组应具有足够的绝缘强度、机械强度和耐热能力。绕组通常分为层式和饼式两种。

3. 器身

变压器铁芯、绕组放置在充满油的器身内,变压器其他部件均安装在器身上,器身就是变压器的本体。

4. 油枕

变压器油枕有三种形式:波纹式、胶囊式、隔膜式。油枕的作用如下:

(1)为变压器油的热胀冷缩创造条件,使变压器油箱在任何气温及运行状况下均充满油。

(2)使变压器器身和套管下部可靠地浸入油中,不仅保证了设备安全运行,还可减少套管的设计尺寸。

(3)变压器油仅在油枕内与空气接触(有些还装有胶囊呼吸器),与空气接触面减少,使油的受潮和氧化机会减少,油枕内的油温较油箱内油温低,也使油氧化速度变慢,有利于减缓油的老化。

5. 绝缘套管

绝缘套管是变压器箱外的主要绝缘装置,变压器绕组的引出线必须穿过绝缘套管,使引出线之间及引出线与变压器外壳之间绝缘,同时起固定引出线的作用。因电压等级不同,绝缘套管有纯瓷套管、充油套管和电容套管等形式。

6. 分接开关

分接开关是一种为变压器在负载变化时提供恒定电压的开关装置。其基本原理就是在保证不中断负载电流的情况下,实现变压器绕组中分接头之间的切换,从而改变绕组的匝数,即变压器的电压比,最终实现调压的目的。

4.1.2 变压器的巡视检查与维护

4.1.2.1 变压器运行规定

(1)变压器应按有关标准的规定装设保护和测量装置。

(2)油浸式变压器本体的安全保护装置、冷却装置、油保护装置、温度测量装置和油箱及附件应符合现行 GB/T 6451 的要求,干式变压器有关装置应符合现行 GB/T 1094.11 的要求。

(3)保护装置运行规定:

①变压器在正常运行时,本体及有载调压开关重瓦斯保护应投跳闸。

②变压器在运行中滤油、补油、更换潜油泵、更换吸湿器的吸附剂时,应将其重瓦斯保护改投信号,此时其他保护装置仍应投跳闸。

③变压器本体应设置油面过高和过低信号,有载调压开关宜设置油面过高和过低信号。

④当油位计的油面异常升高和呼吸系统有异常,需要打开放气或放油阀门时,应先将重瓦斯保护改投信号。

⑤变压器应投信号的保护装置:本体轻瓦斯、真空型有载调压开关轻瓦斯、突变压力

继电器、压力释放阀、油流继电器、顶层油面温度计。

⑥变压器用熔断器保护时,熔断器性能必须满足系统短路容量、灵敏度和选择性的要求。分级绝缘变压器用熔断器保护时,其中性点必须直接接地。

(4)有载分接开关运行规定:

①滤油装置。

a. 工作方式有联动、定时、手动滤油三种。正常运行时,一般采用联动滤油方式;动作次数较少或不动作的有载分接开关,可设置定时滤油方式;手动方式一般在调试时使用。

b. 当发现滤油装置有渗漏油、声音异常、电源异常、发报警信号等情况时,应及时向上级主管部门汇报和处理。

②有载分接开关操作。

a. 有载调压开关禁止调压操作的情况:真空型有载调压开关轻瓦斯保护动作发信时;有载调压开关油箱内绝缘油劣化不符合标准时;有载调压开关储油柜的油位异常时;变压器过负荷运行时,不宜进行调压操作,特别当过负荷 1.2 倍时,禁止调压操作。

b. 两台有载调压变压器并联运行时,允许在 85% 变压器额定负荷电流及以下的情况下进行分接变换操作,不得在单台变压器上连续进行两个分接变换操作,必须在一台变压器的分接变换完成后再进行另一台变压器的分接变换操作。

(5)冷却装置运行规定:

①强迫油循环风冷变压器在运行中,当冷却系统发生故障切除全部冷却器时,变压器在额定负载下运行时间不小于 20 min。当油面温度尚未达到 75 ℃ 时,允许上升到 75 ℃,但冷却器全停的最长运行时间不得超过 1 h。对于同时具有多种冷却方式(如 ONAN、ONAF 或 OFAF)的变压器,应按制造厂规定执行。

②强迫油循环的冷却系统必须有两个独立的工作电源并能自动切换。当工作电源发生故障时,应自动投入备用电源并发出音响及灯光信号。

③自然风冷变压器风扇停止工作时,允许的负载和运行时间,应按照制造厂的规定。油浸风冷变压器当冷却系统部分故障停风扇后,顶层油温不超过 65 ℃,允许带负载运行。

④风扇、水泵及油泵的附属电动机应有过负荷、短路及断相保护,应有监视油泵电机旋转方向的装置。

⑤水冷却器的油泵应装在冷却器的进油侧,并保证在任何情况下,冷却器的油压大于水压约 0.05 MPa。

⑥冷却装置应按照变压器上层油温值或运行电流自动投切;工作或辅助冷却器故障退出后,应自动投入备用冷却器。

(6)测温装置运行规定:

①现场温度计指示的温度、控制室温度显示装置、监视系统的温度,三者基本保持一致,误差一般不超过 ±5 ℃。

②变压器必须定期检查、记录变压器油温及曾经到过的最高温度值。

(7)变压器运行情况下,应能安全地查看储油柜和套管油位、顶层油温、气体继电器,能安全取气样等,必要时要装设固定梯子。

(8)洞内安装的变压器应有足够的通风,避免变压器温度过高。变压器的通风系统一般不应与其他通风系统连通。

（9）变压器的运行电压一般不应高于该运行分接额定电压的105%。对于特殊的使用情况，允许在不超过110%的额定电压下运行。

（10）油浸式变压器顶层油温一般不应超过表4-1的规定（制造厂有规定的按制造厂规定），当冷却介质温度较低时，顶层油温也相应降低。自然循环冷却变压器的顶层油温一般不宜经常超过85 ℃。

表4-1　油浸式变压器顶层油温一般限值　　　　　　　　　单位:℃

冷却方式	冷却介质最高温度	最高顶层油温	不宜经常超过温度	告警温度设定
自然循环自冷、风冷	40	95	85	85
强迫油循环风冷	40	85	80	80
强迫油循环水冷	30	70	—	—

经改进结构或改变冷却方式的变压器，必要时应通过温升试验确定其负载能力。

4.1.2.2　变压器的巡视检查

安装在发电厂和变电站内的变压器，以及无人值班变电站内有远方监测装置的变压器，应经常监视仪表的指示，掌握变压器运行情况。

1. 变压器巡视检查要求

（1）运行或备用中的变压器每班检查1次，并记录1次变压器典型温度。

（2）每天前夜高峰负荷时，进行1次熄灯检查，主要检查各部位有无火花放电、电晕及过热烧红现象。

（3）在下列情况下，应对变压器进行特殊巡视检查，增加巡视检查次数：

①新设备或经过检修、改造的变压器在投运72 h内。

②有严重缺陷时。

③气象突变（如大风、大雾、大雪、冰雹、寒潮等）时。

④雷雨季节特别是雷雨后。

⑤高温季节、高峰负载期间。

⑥变压器急救负载运行时。

（4）新投运或检修后的变压器，第一次带负荷，应进行机动性检查。

2. 正常运行变压器的巡视检查项目

（1）变压器的油温和温度计应正常；储油柜/油枕的油位应与温度相对应，油位在上下限范围内，各部位无渗漏油，油色清亮透明，无浑浊、乳化、变色现象。

（2）套管油位应正常，套管外部无破损裂纹、无严重油污、无放电痕迹及其他异常现象。

（3）变压器运行声音为均匀的嗡嗡声，无异常放电等异音。

（4）各冷却器手感温度应相近，风扇、油泵、水泵运转正常，油流继电器工作正常。

（5）水冷却器的油压应大于水压（制造厂另有规定除外）。

（6）吸湿器完好，吸附剂干燥。

（7）引线接头、电缆、母线应无发热迹象。

（8）压力释放器、安全气道及防爆膜应完好无损。

（9）有载分接开关的分接位置及电源指示应正常。

（10）变压器器身没有倾斜、位移,外壳清洁。

（11）母排连接牢固、无异常弯曲变形。

（12）事故排油阀门关严,无渗漏油。

（13）变压器外壳接地扁钢完好牢固,无锈蚀、断裂。

（14）气体继电器内无气体。

（15）各控制箱和二次端子箱应关严,无受潮。

（16）变压器室的门、窗、照明应完好,房屋不漏水、温度正常。

（17）现场规程中根据变压器的结构特点补充检查的其他项目。

3. 运行人员与维修人员定期外部检查项目

（1）外壳及箱沿应无异常发热。

（2）各部位的接地应完好,必要时应测量铁芯和夹件的接地电流。

（3）强迫油循环冷却的变压器应进行冷却装置的自动切换试验,保证动作正确。

（4）水冷却器从旋塞放水检查应无油迹。

（5）有载调压装置的动作情况应正常。

（6）标志和相色应清楚明显。

（7）各种保护装置应齐全、良好。

（8）各种温度计应在检定周期内,温度信号应正确可靠。

（9）消防设施应齐全完好。

（10）室(洞)内变压器通风设备应完好。

（11）储油池和排油设施应保持良好状态。

（12）变压器及散热装置无渗漏油。

（13）储油柜油位计指示正常,集污器(集污盒)清洗干净。

4. 变压器巡视检查实例

现以某水电厂变压器为例,说明变压器巡视检查的内容及要求。

（1）正常情况下对变压器每天检查 2 次,每周一终班熄灯检查 1 次。当变压器检修后第一次带负荷运行,及每次外部短路故障后和变压器过负荷运行时均应增加检查次数。

（2）变压器运行中的检查项目:

①检查变压器本体有无漏油、渗油,油色及油位是否正常。

②检查变压器中性点避雷器及瓷瓶是否清洁,有无破裂和放电现象。

③变压器声音是否正常,音响是否加大,有无新的异音发生。

④变压器的油温是否正常。

（3）变压器室内温度高于 35 ℃时应启动下游空调风机。

（4）瓦斯继电器应无漏油。

（5）呼吸器的硅胶颜色应正常。

（6）主变压器室建筑物、照明、消防系统应完好。

（7）主变压器辅助设备及冷却器、配电箱电源完好,开关位置正确。

（8）母线各连接处及隔离刀闸应无发热现象。

（9）检查雷击计数器是否有变动，接地应牢固。

（10）主变压器外壳应接地完好。

4.1.2.3　变压器的维护

（1）清除储油柜集污器内的积水和污物。

（2）冲洗被污物堵塞影响散热的冷却器。

（3）更换吸湿器和净油器内的吸附剂。

（4）对变压器的外部（包括套管）进行清扫。

（5）对本体及充油附件，根据取样周期进行油样试验。

（6）检查各电压级的出线套管导电接头，防止高温过热。

（7）对各种控制箱和二次回路进行检查和清扫。

（8）已运行的气体继电器应每2~3年开盖1次，进行内部结构和动作可靠性检查。对保护大容量、超高压变压器的气体继电器，更应加强其二次回路维护工作。

（9）定期检查压力释放阀的阀芯、阀盖是否有渗漏油等异常现象；定期检查释放阀微动开关的电气性能是否良好，连接是否可靠，避免误发信号；运行中的压力释放阀动作后，应将释放的机械电气信号手动复位。

（10）变压器的冷却器应定期检查是否存在过热、振动、杂音及严重漏油等异常现象。如负压区渗漏油，必须及时处理，防止空气和水分进入变压器。

（11）变压器有载分接开关的维护，应按制造厂的规定进行，无制造厂规定者可参照以下规定：

①运行6~12个月或切换2 000~4 000次后，应取切换开关箱中的油样进行试验。

②新投入的分接开关，在投运后1~2年或切换5 000次后，应将切换开关吊出检查，此后可按实际情况确定检查周期。

③运行中的有载分接开关切换5 000~10 000次后或绝缘油的击穿电压低于25 kV时，应更换切换开关箱的绝缘油。

④操动机构应经常保持良好状态。

⑤长期不调整和长期不用的有分接位置的有载分接开关，应在有停电机会时，在最高和最低分接间操作几个循环。

（12）发电厂厂用变压器，应加强清扫，防止污闪、封堵孔洞，防止小动物引起短路事故；应记录近区短路发生的详细情况。

（13）对缺陷进行消除。

注：以上维护项目的周期可根据具体情况在现场规程中规定。

4.1.3　变压器的操作

4.1.3.1　变压器的运行方式

1. 变压器运行的三种不同负载状态

1）正常周期性负载

在周期性负载中，某段时间环境温度较高，或超过额定电流，但可以由其他时间内环境温度较低,或低于额定电流所补偿,从热老化的观点出发,它与设计采用的环境温度下施加额定负载是等效的。正常周期性负载运行方式的特点及要求如下:

(1)变压器在额定使用条件下,全年可按额定电流运行。

(2)变压器允许在平均相对老化率小于或等于 1 的情况下,周期性地超额定电流运行。

(3)当变压器有较严重的缺陷(如冷却系统不正常、严重漏油、有局部过热现象、油中溶解气体分析结果异常等)或绝缘有弱点时,不宜超过额定电流运行。

(4)正常周期性负载运行方式下,超过额定电流运行时,运行的负载系数 K_2 和时间,可按现行 GB/T 1094.7 的计算方法,根据具体变压器的热特性数据和实际负载图计算。

2)长期急救周期性负载

要求变压器长时间在环境温度较高,或超过额定电流下运行。这种运行方式可能持续几星期或几个月,将导致变压器的老化加速,但不直接危及绝缘的安全。长期急救周期性负载运行方式的特点及要求如下:

(1)长期急救周期性负载下运行时,将在不同程度上缩短变压器的寿命,应尽量减少出现这种运行方式的机会;必须采用时,应尽量缩短超额定电流运行的时间,降低额定电流的倍数,有条件时按制造厂规定投入备用冷却器。

(2)当变压器有较严重的缺陷(如冷却系统不正常,严重漏油,有局部过热现象,油中溶解气体分析结果异常等)或绝缘有弱点时,不宜超额定电流运行。

(3)长期急救周期性负载运行时,平均相对老化率可大于甚至远大于 1。超额定电流负载系数 K_2 和时间,可按现行 GB/T 1094.7 的计算方法,根据具体变压器的热特性数据和实际负载图计算。

(4)在长期急救周期性负载运行期间,应有负载电流记录,并计算该运行期间的平均相对老化率。

3)短期急救负载

要求变压器短时间大幅度超额定电流运行。这种负载可能导致绕组热点温度达到危险的程度,使绝缘强度暂时下降。短期急救负载运行方式的特点及要求如下:

(1)短期急救负载下运行,相对老化率远大于 1,绕组热点温度可能达到危险程度。出现此种情况时,应投入包括备用在内的全部冷却器(制造厂另有规定的除外),并尽量压缩负载、减少时间,一般不超过 0.5 h。当变压器有严重缺陷或绝缘有弱点时,不宜超额定电流运行。

(2)0.5 h 短期急救负载允许的负载系数 K_2 见表 4-2,大型变压器和采用 ONAN/ONAF 或其他冷却方式的变压器短期急救负载允许的负载系数参考制造厂的相关规定。

(3)在短期急救负载运行期间,应有详细的负载电流记录,并计算该运行期间的相对老化率。

2. 各类负载状态下的负载电流和温度的最大限值

表 4-3 所示为变压器在各类负载状态下的负载电流和温度最大限值,当制造厂有超额定电流运行的明确规定时,应遵守制造厂的规定。

表 4-2　0.5 h 短期急救负载允许的负载系数 K_2

变压器类型	急救负载前的负载系数	环境温度/℃							
		40	30	20	10	0	−10	−20	−25
中型变压器（冷却方式为ONAN/ONAF)	0.7	1.80	1.80	1.80	1.80	1.80	1.80	1.80	1.80
	0.8	1.76	1.80	1.80	1.80	1.80	1.80	1.80	1.80
	0.9	1.72	1.80	1.80	1.80	1.80	1.80	1.80	1.80
	1.0	1.64	1.75	1.80	1.80	1.80	1.80	1.80	1.80
	1.1	1.54	1.66	1.78	1.80	1.80	1.80	1.80	1.80
	1.2	1.42	1.56	1.70	1.80	1.80	1.80	1.80	1.80

表 4-3　变压器负载电流和温度最大限值

负载类型		中型电力变压器	大型电力变压器
正常周期性负载	电流(标幺值)	1.5	1.3
	热点温度与绝缘材料接触的金属部件的温度/℃	140	120
	顶层温度/℃	105	105
长期急救周期性负载	电流(标幺值)	1.5	1.3
	热点温度与绝缘材料接触的金属部件的温度/℃	140	130
	顶层温度/℃	115	115
短期急救负载	电流(标幺值)	1.8	1.5
	热点温度与绝缘材料接触的金属部件的温度/℃	160	160
	顶层温度/℃	115	115

注意：干式变压器的正常周期性负载、长期急救周期性负载和短期急救负载的运行要求，应依据现行 GB/T 1094.12 的相关规定。

3. 变压器的不同接线运行方式

1）并列运行

两台变压器高压侧母线并列运行，低压侧母线联合向负荷供电。

（1）变压器并列运行的条件：

①变压器接线组别相同。

②电压比相同，差值不得超过±0.5%。

③阻抗电压值偏差小于 10%。

④容量比不超过 3:1。

(2)新装或变动过内外接线的变压器,并列运行前必须核定相位。

(3)发电厂升压变压器高压侧跳闸时,应防止厂用变压器严重超过额定电流运行。厂用电倒换操作时,应防止非同期合闸。

2)分列运行

两台变压器高压侧母线并列(或分开)运行,低压侧母线联络断路器分开运行。

3)单独运行

两台变压器一台运行一台备用,高低压侧母线联络,断路器联络。

4.1.3.2　变压器运行操作的相关规定

1. 变压器投运前的检查

在变压器投运之前,值班人员应仔细检查并确认变压器处于完好状态,具备投运条件时,才允许投运。具体如下:

(1)储油柜油位计、充油套管的油位计中油位、油色正常,无渗漏油现象。

(2)套管外部应清洁,无裂纹和破损,无放电痕迹及其他异常现象。

(3)温度计指示正常,温度计毛细管无硬弯和压扁、裂开等现象。

(4)呼吸器应完好,油封呼吸器不应缺油,呼吸应畅通,硅胶应干燥。

(5)储油柜、散热器与箱体的连接阀门应处于开启位置。

(6)安全气道及其保护膜应完好无损。

(7)气体继电器内应无残余气体,其与储油柜之间连接的阀门应打开。

(8)箱壳接地良好。

(9)带有风冷设备的 10 MVA 变压器,其风机完好率应在90%以上。

(10)一、二次绕组引线接头螺钉应牢固。

(11)一、二次断路器、隔离开关清洁完好,瓷绝缘子无损伤,断路器指示正常,所有动触头及连接点无烧伤痕迹。

(12)一、二次断路器及隔离开关上的临时地线、隔板、护栏和工作标识牌均已拆除。

(13)变压器各项试验均应合格。

(14)注油变压器,在试投运之前应静置一段时间。20 MVA 及以上变压器,注油后应静置 16 h,最少不少于 12 h;5 600 kVA 及以上变压器要静置 8 h;1 000 kVA 以下变压器要静置 4 h,最少也不能少于 2 h。

(15)相序正确,通风设备完好,各阀门位置正确。

(16)试操作时,断路器保护装置及操作回路均应准确无误,才能试运行。

2. 变压器投运和停运的操作规定

(1)强迫油循环变压器投运时,应逐台投入冷却器,并按负载情况控制投入冷却器的台数;水冷却器应先启动油泵,再开启水系统;停电操作先停水后停油泵;冬季停运时,应将冷却器中的水放尽。

(2)变压器的充电应在有保护装置的电源侧用断路器操作,停运时应先停负载侧,后停电源侧。

(3)在无断路器时,可用隔离开关投切 110 kV 及以下且电流不超过 2 A 的空载变压器;用于切断 20 kV 及以上变压器的隔离开关,必须三相联动且装有消弧角;装在室内的隔离开关必须在各相之间安装耐弧的绝缘隔板。若不能满足上述规定,又必须用隔离开关操作时,须经本单位总工程师批准。

(4)允许用熔断器投切空载配电变压器和 66 kV 的站用变压器。

(5)在 110 kV 及以上中性点有效接地系统中,投运或停运变压器的操作,中性点必须先接地,投入后可按系统需要决定中性点是否断开。

(6)干式变压器在投运和保管期间,应防止绝缘受潮。

(7)消弧线圈投入运行前,应使其分接位置与系统运行情况相符,且导通良好。

(8)消弧线圈应在系统无接地现象时投切。在系统中性点位移电压高于 50% 相电压时,不得用隔离开关切消弧线圈。

(9)消弧线圈中一台变压器的中性点切换到另一台时,必须先将消弧线圈断开后再切换;不得将两台变压器的中性点同时接到一台消弧线圈的中性母线上。

(10)运行中发现变压器有下列情况之一,应立即汇报调控人员申请将变压器停运:

①变压器声响明显增大,内部有爆裂声。

②严重漏油或者喷油,油面下降到低于油位计的指示限度。

③套管有严重的破损和放电现象。

④变压器冒烟着火。

⑤变压器在正常负载和冷却条件下,顶层油温异常并不断上升,必要时应申请将变压器停运。

⑥变压器轻瓦斯保护动作,信号频繁发出且间隔时间缩短,需要停运进行检测试验。

⑦变压器引出线的接头过热,远红外测温显示温度达到严重发热程度,属于紧急缺陷的需要停运处理。

⑧当变压器附近的设备着火、爆炸或发生其他情况,对变压器构成严重威胁时,值班人员应立即将变压器停运。

⑨当发生危及变压器安全的故障,而变压器的有关保护装置拒动时,值班人员应立即将变压器停运。

4.1.3.3　变压器的停送电操作

1. 变压器停送电操作原则及注意事项

(1)停电操作时,按照先停负荷侧、后停电源侧的操作顺序进行;送电操作时,则相反。

(2)三绕组降压变压器停电操作时,按照低压侧、中压侧、高压侧的操作顺序进行;送电则相反。

(3)变压器装有断路器时,分合闸必须使用断路器;变压器如未装断路器,可用隔离开关切断或接通空载变压器。

(4)在电源侧装隔离开关、负荷侧装断路器的电路中,送电时,应先合电源侧的隔离开关,后合负荷侧的断路器;停电时,应先拉负荷侧断路器,后拉电源侧隔离开关。

(5)变压器保护使用原则及注意事项:

①送电前,变压器保护应全部投入,禁止将无保护的变压器送电和运行。

②变压器停电后,在不影响备用设备或运行设备的情况下,保护连接片可不用断开,

需断开的保护连接片,应详细记录。

③若两台变压器共用一台高压断路器,当一台变压器运行时,将备用变压器重瓦斯保护连接片投至信号位置,防止备用变压器重瓦斯保护误动作,将运行变压器跳开,并将备用变压器跳其他设备的保护压板退出。

(6)在大电流接地系统中,中性点接地刀闸操作原则及注意事项:

①在大电流接地系统中,为防止操作过电压,在主变压器高、中压侧停、送电时,操作前先将操作侧中性点接地。

②两台变压器并联运行时,根据系统需要,一台变压器中性点接地,另一台变压器中性点不接地。当两台变压器中性点接地隔离开关需要进行切换操作时,应先将未接地的变压器中性点接地隔离开关合上,再拉开另一台变压器中性点接地隔离开关,并进行零序电流保护的切换。

③中性点隔离开关合上(中性点直接接地)操作顺序:应先投入该侧的中性点零序过流保护,再合上中性点直接接地隔离开关,最后停用间隙零序过压及零序过流保护;变压器中性点隔离开关断开(中性点经间隙接地)时操作顺序与此相反。运行中变压器的中性点是否接地由调度确定。

(7)变压器冷备用转运行前,应先投入保护,投入有载调压、测温电源,并将变压器通风冷却装置投"自动"启动方式。

(8)新装或变动过内外接线及改变过接线组别的变压器,并列运行前,一定要核相,以免造成短路。在两台主变压器并列前,应清楚并列条件,并考虑两台主变压器的调压抽头在同一档位和备自投的投退情况。变压器的通风电源应完整,相互切换良好。

(9)大修后的变压器应进行 3 次空载冲击合闸。对新投入运行的变压器进行全电压冲击合闸 5 次,每次冲击间隔时间不小于 5 min,操作前应派人到现场对变压器进行监视,如有异常立即停止操作。

2. 变压器停送电操作流程

1)送电操作

(1)送电前检查。进行外观检查,变压器本体干净,无积尘,无异物,无裂纹现象,导体连接处无过热现象,接地良好。冷却风机能正常运转。

(2)变压器空载送电。

①变压器负荷侧开关处于分闸位置。

②合上变压器电源侧开关,变压器上电。

注:①防止变压器带负荷送电,产生大的冲击电流,变压器必须空载受电。

②空载投入也会出现短时的 5~8 倍额定电流大小的励磁涌流,经历一个过渡过程恢复到空载额定电流值。

③新投用变压器需要做 3~5 次全压充电冲击试验。

(3)检查变压器空载运行参数。

①核对变压器的空载电流值、三相电流是否平衡。

②对比历次空载运行参数。

注:空载电流一般为额定电流的 2%~10%。

(4)变压器带负荷。合上变压器负荷侧开关。

注:核对变压器负荷侧电压是否平衡。

(5)带载后监护。每小时检查一次变压器运行情况,直至负荷稳定运行 6 h。

注:①记录变压器三相温度、三相电流值。

②测量变压器连接处的温度。

③变压器运行声音正常。

④干式变压器运行温度超过 88 ℃冷却风扇启动,108 ℃报警,130 ℃保护跳闸。

2)停电操作

(1)拉开变压器负荷侧开关。

①将变压器负荷降到最低值后,拉开负荷侧开关。

②操作后,核对负荷侧已断电。

(2)记录变压器空载参数。记录变压器空载电流,检查空载电流是否平衡,与历次空载电流相比有无变化。

(3)断开变压器电源侧开关。

①拉开变压器电源侧开关。

②拉开后核对开关柜指示,变压器确实断电。

4.1.3.4　变压器的其他运行或操作

1. 变压器试运行

(1)变压器应进行 5 次全电压冲击合闸。应无异常现象发生,励磁涌流不应引起保护装置的误动作。

(2)变压器并列前,应先核对相位,要求相位一致。

(3)变压器空载运行时间一般为 24 h,若无异常情况,方可投入负荷运行。

(4)变压器试投运后,逐步增加负载,开始带载运行。这时各密封面及焊缝不应有渗漏油现象。

(5)新带负载的变压器,应增加检查次数,同时注意油面温升,超过 45 K 时应发出信号。

2. 瓦斯保护装置的运行

(1)变压器运行时,瓦斯保护装置应接信号和跳闸,有载分接开关的瓦斯保护应接跳闸。用一台断路器控制两台变压器时,当其中一台转入备用时,则应将备用变压器重瓦斯保护改接信号。

(2)变压器在运行中滤油、补油、换潜油泵或更换净油器的吸附剂时,应将其重瓦斯保护改接信号,此时其他保护装置仍应接跳闸。

(3)当油位计的油面异常升高或呼吸系统有异常现象,需要打开放气或放油阀门时,应先将重瓦斯保护改接信号。

(4)在地震预报期间,应根据变压器的具体情况或气体继电器的抗震性能,确定重瓦斯保护的运行方式。

(5)地震引起重瓦斯动作停运的变压器,在投运前应对变压器及瓦斯保护进行检查试验,确认无异常后方可投入。

3. 变压器分接开关的操作

(1)应逐级调压,同时监视分接位置及电压、电流变化。

(2)单相变压器组和三相变压器分相安装的有载分接开关,宜三相同步电动操作。

(3)有载调压变压器并联运行时,其调压操作应轮流逐级或同步进行。

(4)有载调压变压器与无励磁调压变压器并联运行时,其分接电压应尽量靠近无励磁调压变压器的分接位置。

4.2　高压配电装置运行与维护

4.2.1　高压配电装置概述

高压配电装置一般是指电压在 1 kV 及以上的电气装置,由变压器、高压断路器、隔离开关、负荷开关、互感器、高压熔断器、电抗器、母线,以及控制、测量、保护、调节装置,内部连接件、辅件、外壳和支持件等组成的成套装置。它是电力系统中的一个重要组成部分,用作接受和分配电网的电能或用作对高压用电设备的保护和控制。前一章节已有变压器详述,本节不再赘述。

4.2.1.1　高压断路器

1. 作用

在高压电力系统中,用于接通或开断电路的电器称为高压开关电器,它包括高压断路器、隔离开关、负荷开关、自动重合器和自动分段器等。其中,高压断路器是指额定电压在 3 kV 及以上,能够关合、承载和开断运行状态的正常电流,并能在规定时间内关合、承载和开断规定的异常电流(如短路电流、过负荷电流)的开关电器。

高压断路器是电力系统中最重要的控制和保护设备。它具有两个方面的作用:一是控制作用,即根据电网运行要求,将一部分电气设备及线路投入或退出运行状态、转为备用或检修状态;二是保护作用,即电气设备或线路发生故障时,通过继电保护装置及自动装置使断路器动作,将故障部分从电网迅速切除,防止事故扩大,保证电网的无故障部分得以正常运行。

2. 分类

高压断路器有许多种类,其结构和动作原理各不相同。按灭弧介质和灭弧原理的不同进行分类,高压断路器主要有以下几种:

(1)油断路器:采用绝缘油作为灭弧介质的断路器。

(2)压缩空气断路器:采用压缩空气作为灭弧介质及操作机构能源的断路器。

(3)真空断路器:在真空中开断电流,利用真空的高绝缘强度实现灭弧的断路器。

(4)六氟化硫(SF_6)断路器:采用具有优良灭弧性能的 SF_6 气体作为灭弧介质的断路器。

3. 结构

以真空断路器为例,它由支架、真空灭弧室、导电回路、传动机构、绝缘支持件和操作机构等组成。

（1）支架。用来安装各功能组件的架体。

（2）灭弧室。用来实现电路的关合与开断功能的熄弧元件。

（3）导电回路。导电回路与灭弧室的动触点及静触点连接构成电流通道。

（4）传动机构。把操作机构的运动传输至灭弧室，实现灭弧室的合、分闸操作。

（5）绝缘支持件。绝缘支持件将各功能元件架接起来，以满足断路器的绝缘要求。

（6）操作机构。断路器合、分的动力驱动装置。

4.2.1.2　隔离开关

1. 作用

高压隔离开关是目前我国电力系统中用量最大、使用范围最广的高压开关设备。由于隔离开关没有专门的灭弧装置，所以不能用来开断负荷电流和短路电流，通常与断路器配合使用。其作用主要有：

（1）隔离电源。在电气设备检修时，用断路器开断电流以后，再用隔离开关将所需检修的电气设备与带电的电网隔离，形成明显可见的断开点，以保证检修人员和设备的安全。此时，隔离开关开断的是一个没有电流的电路。

（2）倒换线路或母线。利用等电位间没有电流通过的原理，用隔离开关将电气设备或线路从一组母线切换到另一组母线上。此时，隔离开关开断的是一个只有很小不平衡电流的电路。

（3）关合和开断小电流电路。可以用隔离开关关合和开断正常工作的电压互感器、避雷器电路，关合和开断母线及直接与母线相连接的电容电流，关合和开断电容电流不超过 5 A 的空载输电线路，关合和开断励磁电流不超过 2 A 的空载变压器等。

2. 分类

（1）按装设地点可分为户内式和户外式。

（2）按极数可分为单极和三极。

（3）按支柱绝缘子数目可分为单柱式、双柱式和三柱式。

（4）按隔离开关的动作方式可分为闸刀式、旋转式、插入式。

（5）按有无接地开关可分为带接地开关和不带接地开关。

（6）按所配操作机构可分为手动式、电动式、气动式、液压式。

（7）按用途可分为一般用、快分用和变压器中性点接地用。

3. 结构

隔离开关主要由绝缘部分、导电部分、支持底座和框架、传动机构和操作机构等几部分组成。

（1）绝缘部分。隔离开关的绝缘主要有两种，一是对地绝缘，二是断口绝缘。对地绝缘一般由支柱绝缘子和操作绝缘子等构成；具有明显可见的间隙断口的绝缘，通常以空气作为绝缘介质。

（2）导电部分。导电部分通过支持绝缘子固定在底座上，用于关合和断开电路，主要包括由操作绝缘子带动而转动的闸刀、固定在底座上的静触点、用来连接母线和设备的接线端。

（3）支持底座和框架。底座常用螺钉固定在构架和墙体上。

（4）传动机构。传动机构接受操作机构的力矩,并通过拐臂、连杆、轴承、齿轮等将运动传给触点,完成隔离开关的分合闸动作。

（5）操作机构:通过传动装置控制闸刀分合。

4.2.1.3　负荷开关

1. 作用

负荷开关是一种带有简单灭弧装置、能开断和关合额定负荷电流的开关。其作用如下。

1）开断和关合作用

由于负荷开关有一定的灭弧能力,因此可用来开断和关合负荷电流和小于一定倍数(通常3~4倍)的过载电流;也可以用来开断和关合比隔离开关允许容量更大的空载变压器、更长的空载线路,有时也用来开断和关合大容量的电容器组。

2）替代作用

负荷开关与限流熔断器串联组合可以代替断路器使用,即由负荷开关承担开断和关合小于一定倍数的过载电流,而由限流熔断器承担开断较大的过载电流和短路电流。

2. 分类

（1）负荷开关按其灭弧方式可分为油负荷开关、磁吹负荷开关、压气式负荷开关、产气式负荷开关、六氟化硫负荷开关和真空负荷开关。其中最常用的是后四种开关,前两种开关已经被淘汰。

（2）按照使用电压可分为高压负荷开关和低压负荷开关。

3. 结构

以压气式高压负荷开关为例说明其结构,它主要由隔离开关、熔断器和灭弧装置组成。分闸时,在分闸弹簧的作用下,主轴顺时针旋转,一方面,通过曲柄滑块机构使活塞向上移动,将气体压缩;另一方面,通过两套四连杆机构组成的传动系统,使主闸刀先打开,然后推动灭弧闸刀使弧触头打开,气缸中的压缩空气通过喷口吹灭电弧。合闸时,通过主轴及传动系统,使主闸刀和灭弧闸刀同时顺时针旋转,弧触头先闭合;主轴继续转动,使主触头随后闭合。在合闸过程中,分闸弹簧同时储能。

4.2.1.4　互感器

1. 作用

互感器是进行电压、电流变换的设备,是一次系统和二次系统之间最重要的联络元件。其主要作用如下:

（1）电压互感器的二次额定电压或电流互感器的二次额定电流是一定的,有利于测量仪表和继电器等二次设备的标准化。

（2）使低压二次设备与高压一次系统形成电气隔离,提高了一次系统和二次系统的安全性和可靠性。

（3）二次回路中电压低、电流小,使得仪表和继电器等二次设备小型化,结构轻巧,价格便宜,二次回路接线简单,便于远距离测量控制和标准化组屏。

（4）通过互感器的适当接线,还可以取得零序电流、零序电压,供保护和自动装置使用。

2.分类

互感器主要分为电压互感器和电流互感器两大类。

1)电流互感器

(1)按用途的不同可分为测量用电流互感器和保护用电流互感器。

(2)按安装方式可分为贯穿式、套管式、支柱式和母线式电流互感器。

(3)按二次绕组所在位置可分为正立式和倒立式电流互感器。

(4)按一次绕组匝数可分为单匝式和多匝式电流互感器。

(5)按绝缘介质不同可分为油浸、浇注式、干式、SF_6 气体绝缘式电流互感器。

(6)按使用条件不同可分为户内式和户外式电流互感器。

2)电压互感器

(1)按相数不同可分为单相和三相。三相电压互感器通常在 35 kV 以下电压等级使用,35 kV 及以上电压等级一般采用单相电压互感器。

(2)按安装地点可分为户内式和户外式电压互感器。

(3)按绕组数可分为双绕组和多绕组电压互感器。

(4)按绝缘介质可分为干式、浇注式、油浸式和气体绝缘式电压互感器。

(5)按工作原理可分为电磁式、电容式、光学电压式电压互感器。

3.结构

互感器主要由一次绕组、二次绕组、铁芯和绝缘等组成。

4.2.1.5 高压熔断器

1.作用

在高压电网中,高压熔断器可作为配电变压器和配电线路的过负荷与短路保护,也可作为电压互感器的短路保护。

2.分类

(1)按使用环境可分为户内式和户外式高压熔断器。

(2)按结构特点可分为支柱式和跌落式高压熔断器。

(3)按工作特性可分为限流型和非限流型高压熔断器。

3.结构

以户外支柱式高压熔断器为例,它由磁套、熔断管及棒形支柱绝缘子和接线端帽等组成。熔断管装于磁套中,熔件放在充满石英砂填粒的熔断管内。

4.2.1.6 电抗器

1.作用

电抗器是在电路中用于限流、稳流、无功补偿、移相的电器。电抗器是一个电感元件,实际的电抗器是导线绕成螺线管形式,产生较强的磁场,称空心电抗器;为了使螺线管具有更大的电感,可在螺线管中插入铁芯,称为铁芯电抗器。因为电抗分为感抗和容抗,实际上应将感抗器(电感器)和容抗器(电容器)统称为电抗器,但按惯例,电抗器专指电感器,而容抗器则称为电容器。

2.分类

(1)按相数可分为单相和三相电抗器。

（2）按冷却装置种类可分为干式电抗器和油浸电抗器。

（3）按结构特征可分为空心式和铁芯式电抗器。

（4）按安装地点可分为户内型和户外型电抗器。

（5）按用途可分为：

①并联电抗器。一般接在超高压输电线路的末端和地之间，起无功补偿作用。

②限流电抗器。串联于电力电路中，以限制短路电流的数值。

③滤波电抗器。在滤波器中与电容器串联或并联用来限制电网中的高次谐波。

④消弧电抗器，又称消弧线圈。接在变压器的中性点和地之间，用以在三相电网的一相接地时供给电感性电流，补偿流过中性点的电容性电流，使电弧不易持续起燃，从而消除电弧多次重燃引起的过电压。

⑤通信电抗器，又称阻波器。串联在兼作通信线路用的输电线路中，用来阻挡载波信号，使之进入接收设备，以完成通信的作用。

⑥电炉电抗器。和电炉变压器串联，用来限制变压器的短路电流。

⑦启动电抗器。和电动机串联，用来限制电动机的启动电流。

3. 结构

以消弧线圈为例，消弧线圈的结构和双柱单相变压器相似，它由绕组、铁轭和铁芯组成。铁芯带有间隙，可防止铁芯饱和，实线圈的电感在一定的范围内基本恒定，铁芯间隙中填着绝缘垫板，铁芯外面绕有绕组，绕组的接地侧留有若干分接头，通过调整分接头位可以改变补偿电流的大小。铁芯和绕组都放在充满绝缘油的油箱中，大容量消弧线圈还设有散热器、呼吸器及气体继电器等。

4.2.1.7　母线

1. 作用

在发电厂和变电站的各级电压配电装置中，将发电机、变压器等大型电气设备与各种电器装置之间连接的导体称为母线。母线的作用是汇集、分配和传送电能，它是构成电气主接线的主要设备，包括一次设备部分的主母线和设备连接线、站用电部分的交流母线、直流系统的直流母线、二次部分的小母线等。

2. 分类

（1）根据安装形式可分为敞露母线和封闭母线。

（2）根据使用材料可分为铜母线、铝母线、铝合金母线和钢母线。

（3）根据截面形状可分为矩形截面、圆形截面、槽形截面、管形截面和绞线圆形软母线。

（4）按照外壳与母线间的结构形式可分为不隔相式、隔相式和分相封闭式。

3. 结构

以全连式分相封闭母线的结构为例，其主要由载流导体、支柱绝缘子、保护外壳、金具、密封隔断装置、伸缩补偿装置、短路板、外壳支持件等组成。

（1）载流导体。一般采用铝制成，采用空心结构以减小集肤效应。当电流很大时，还可采用水内冷圆管母线。

（2）支柱绝缘子。采用多棱边式结构以加长漏电距离，每个支持点可采用 1~4 个支柱绝缘子,一般都采用3个支柱绝缘子的机构。

(3)保护外壳。由铝板制成圆形结构,在外壳上设置检修孔与观察孔。

(4)密封隔断装置。封闭母线靠近发电机端及主变压器接线端和厂用高压变压器接线端,采用大口径绝缘板作为密封隔断装置,并用橡胶圈密封,以保证区内的密封维持微正压运行的需要。

(5)伸缩补偿装置。封闭母线在一定长度范围内,设置有焊接的伸缩补偿装置,母线导体采用多层薄铝片做成的伸缩节与两端母线搭焊连接。

4.2.2　高压配电装置的巡视检查与维护

4.2.2.1　高压配电装置运行规定

(1)运行设备必须按现行《电力设备预防性试验规程》(DL/T 596)的相关规定进行试验,并确认合格。

(2)配电装置检修合格后,必须收回工作票,并将安全措施(接地线、标示牌、遮栏等)全部拆除后,方可投入运行。

(3)裸导体运行温度一般不得超过80 ℃,当其接触面有锡银的可靠覆盖时,允许提高到90 ℃。

(4)电缆导体允许温度按制造厂规定执行,制造厂没有规定的可参照表4-4执行。

表4-4　电缆导体允许温度

电缆等级/kV	电缆芯最高允许温度/℃	电缆表面最高允许温度/℃
6	65	50
10	60	40

(5)断路器运行规定:

①长期停用或检修后的断路器,在送电前应做现地、远方分合闸试验,试验前检查两侧(或一侧)隔离刀闸断开良好。

②线路断路器带电情况下,严禁打开操作机构箱门,但进行现地分闸操作(如断路器拒跳)时,可戴绝缘手套打开操作机构箱门进行操作。

③SF$_6$断路器运行规定:

a. SF$_6$断路器正常开断后,应及时检查断路器SF$_6$气体压力。

b. SF$_6$断路器严禁进行现地"合闸"送电操作。

c. 220 kV断路器SF$_6$额定运行压力为0.62~0.70 MPa,当SF$_6$压力低于0.62 MPa发信号时,应立即通知维护值班人员检查处理,必要时联系集控中心拉开故障断路器进行停电隔离处理;当SF$_6$压力低于0.60 MPa及以下时,将闭锁断路器跳闸回路及重合闸回路,此时严禁进行断路器分、合闸操作,应立即拉开该断路器操作电源,联系集控中心用串联断路器对故障断路器停电,做好故障断路器隔离措施后,由维护值班人员检查处理。

d. 机组断路器SF$_6$额定运行压力为0.57~0.62 MPa,当SF$_6$压力低于0.57 MPa发信号时,应立即通知维护值班人员检查处理,必要时联系集控中心对故障机组停机隔离处理;当 SF₆ 压力低于 0.55 MPa 及以下时,严禁进行断路器分、合闸操作,应立即拉开该断路器操作电源,联系集控中心用串联断路器对故障断路器停电(停电时,先将同单元的厂用变压器和机组停电,再将故障机组由无功负荷降为"0",用主变压器高压侧断路器对故障断路器停电),做好故障断路器隔离措施后,由维护值班人员检查处理。

④手车式真空断路器运行规定:

a.断路器手车在试验/工作位置时,断路器才能进行合、分操作,且当断路器合闸后,手车即被锁定而不能移动。防止带负荷误拉断路器。

b.只有接地开关处在分闸位置时,断路器手车才能从试验/断开位置移至工作位置;只有断路器处于试验/断开位置时,接地开关才能进行合闸操作。

c.断路器处于工作位置时,二次回路插头被锁定不能拔下。

d.接地开关装设了电磁锁与电压显示器组合而实现强制闭锁,只有电压显示装置显示负荷侧无电时,才能对接地开关进行合闸操作。

(6)隔离刀闸必须在所串联的断路器断开后,方可进行操作,不得带负荷操作。

(7)新安装或大修投运的电压、电流互感器在带负荷情况下运行 24 h 后及 1 个月以内,应通知维护人员进行一次红外检测;检修电压互感器前,应将失去电压后可能误动的继电保护和自动装置退出运行;定期校验互感器的绝缘情况,如定期放油,化验油质是否符合要求。

(8)避雷器运行规定:

①机组消弧线圈和避雷器必须投入运行。消弧线圈分接头的位置必须使经补偿后的接地电流不超过 5 A。

②220 kV 避雷器、电压互感器必须在中性点直接接地系统内运行。

③每周应至少对避雷器巡检 1 次,做好避雷器动作次数及泄漏电流的记录。发现避雷器有异常情况,如瓷套管破裂、放电、引线或接地线不良,泄漏电流显著增大(超过初始值 1.5 倍)、泄漏电流表指针来回摆动、泄漏电流达到 1 mA 等情况,应及时通知维护值班人员检查处理,并汇报相关技术主管。

④雷雨后对避雷器进行巡检,做好避雷器动作次数及泄漏电流的记录;雷雨天气和接地故障发生时,要考虑跨步电压,穿绝缘鞋,且离接地点远一些。

⑤若 220 kV 输电线路因地理位置受限,无法在线路侧安装避雷器,应加强与集控中心联系,尽量避免线路长时间处于热备用运行状态;线路送电操作中优先采用以本侧断路器充电,线路对侧断路器检同期方式送电。

(9)在运和备用的配电设备巡视检查规定:

①高压设备巡视时应与带电体保持距离,当电压等级为 10 kV 时,人体与带电体的距离不小于 0.4 m,无遮栏的不小于 0.7 m。

②巡视设备时,一般不处理发现的缺陷,发现问题,及时汇报,不要动手独自处理。

③雨天应加强屋内外设备的巡视,防止操作箱进水或房屋漏水,危及设备的安全运行。

④晚上高峰负荷时,进行 1 次熄灯检查,注意各处有无火花放电、电晕及过热烧红现象,汛期尤其要注意。

4.2.2.2　高压配电装置的巡视检查

1. 断路器的巡视检查

1）断路器日常巡视检查

（1）断路器导电回路接触良好，触点、接头处无过热及变色发红现象，端子板和本体不发热、试温蜡片不熔化。

（2）检查瓷套管的污损情况，冬季检查积雪情况。

（3）机构箱内清洁，箱门关紧、密封良好，防止进水或尘埃附着等。

（4）储能电动机交流电源小开关运行中应合上，不得随意断开。

（5）检查二次接线有无异常过热，异常过热时，多数会产生变色或有异常气味。

（6）机构箱内加热器投入与切除情况正常，照明完好。

（7）检查分合闸位置指示灯是否正常，灯泡是否断丝，指示灯的玻璃罩是否破损，压板投退、远方/就地切换把手位置是否正确。

（8）操作机构储能正常，气动（液压）操作机构压力正常，无漏油（气）现象，断路器无异声及异味。

（9）断路器及操动机构之间的传动连接应正常，壳体完整，无锈烂。

（10）断路器接地装置连接可靠，接地排无裂痕、锈烂现象。

（11）电缆穿孔封堵应良好。

（12）检查压力表的读数是否符合规定值，如果不符合规定值，应检查是减压阀不正常，还是压力表不正常。

（13）断路器动作计数器指示正常。

2）断路器特殊巡视检查

断路器突然跳闸或天气突变后，应对断路器进行特殊巡视检查，内容及要求如下：

（1）在天气突然变化时，应注意检查断路器油位的变化情况，油箱有无渗漏油现象；机构箱保温是否良好，套管上是否堆满积雪，有无放电现象，套管引线有无剧烈摆动现象，断路器本体上是否挂有其他杂物，机构箱是否被风刮开或未关严。

（2）在发生事故时，应重点检查断路器有无喷油、冒烟现象，油色、油位是否正常；同时还应检查断路器各部件有无变形，各接头有无松动及过热现象。

（3）操作箱门应关好，断路器的实际位置与机械指示器及红绿灯指示应相符。

（4）对于液压式操动机构，压力表的指示应在规定的范围内。

（5）电磁式操动机构应检查直流合闸母线电压，其值应符合要求。

（6）弹簧式操动机构应检查其弹簧状况，当其在分闸状态时，分闸弹簧应储能。

（7）根据环境气温，投退机构箱中的加热器或干燥灯。

2. 隔离开关的巡视检查

（1）隔离开关远方/就地切换把手、手动/电动操作把手位置正确。

（2）瓷质绝缘应清洁、良好，无裂纹和放电现象，无放电声响或异常声音。

（3）触头、触点接触应良好，无螺钉断裂或松动现象，无严重发热和变形现象。

（4）引线应无松动、无严重摆动和烧伤断股现象，均压环应牢固且无偏斜。

（5）操动机构包括连动杆及部件应连接良好、位置正确，无开焊变形锈蚀、松动、脱落现象,连锁销子紧固完好。

(6)闭锁装置应完好,销子应锁牢,辅助触点位置正确且接触良好,机构外壳接地良好。

(7)带有接地开关的隔离开关在接地时,三相接地开关应接触良好。

(8)隔离开关合闸后,触头应完全进入刀嘴内,触头之间应接触良好。

(9)隔离开关的防误闭锁装置应良好,电磁锁、机械锁无损坏现象。

(10)隔离开关通过短路电流后,应检查隔离开关的绝缘子有无破损和放电痕迹,以及触头有无熔化现象。

(11)箱门开启灵活,关闭严密,密封条无脱落、老化现象。

3. 互感器的巡视检查

(1)套管应无裂纹、破损现象。

(2)互感器内部声音正常,无异常响声和异常气味。

(3)绝缘子清洁、完整,无破损裂纹和放电痕迹。

(4)连接处接触良好,压接螺栓齐全,无松动过热、发红及放电现象,金具完整。

(5)SF_6 气体压力正常,无漏气现象。

(6)浇注式、油浸式互感器油位正常,无突然升高现象,油色透明不发黑,无渗油、漏油现象;外壳无锈蚀。

(7)互感器二次侧和外壳接地良好,无松动及断裂现象。

(8)电流电压表的三相指示值在运行范围内,互感器无过负荷运行。

(9)互感器端子箱门关紧,密封良好,箱内清洁,无锈蚀和受潮;二次接线排列整齐,无放电、过热现象,二次电缆及导线无损伤、短路现象。

4. 高压熔断器的巡视检查

1)高压熔断器日常巡视检查

(1)设备外观无破损裂纹、变形,外绝缘部分无闪烁放电痕迹及其他异常现象。

(2)各接触点外观完好,接触紧密,无过热现象及异味,外表面无异常变色。

(3)表面应无严重凝露、积尘现象。

(4)所有外露金属件的防腐蚀层应表面光洁、无锈蚀。

(5)封闭式熔断器绝缘材料部位防潮措施应完好无损,石英砂等填充材料无泄漏。

(6)喷逐式熔断器金属弹簧表面应无锈蚀、断裂现象,熔断指示牌位置应无异常,并与实际运行状态相符。

(7)跌落式熔断器安装在构架上应牢固可靠,无晃动或松动现象,其熔管应有向下 $25° \pm 2°$ 的倾角。

2)高压熔断器特殊巡视检查

(1)新投运高压熔断器应使用红外成像测温仪进行测温。

(2)潮湿天气检查高压熔断器(尤其是户外)无凝露。

(3)大风天气重点检查户外高压熔断器安装位置、角度等,应无变化,动、静触头的紧固件无松动现象,无异物搭挂。

(4)雪后检查户外熔断器外表面有无结冰现象,有无影响绝缘水平的冰溜。

（5）站用变压器的负载超过运行的正常负载时，应对高压熔断器进行测温监视，并及时调整负荷分配。

5. 母线、绝缘子等的巡视检查

1）母线、绝缘子等的日常巡视检查

（1）母线的日常巡视检查。

①名称、编号、相序等标识齐全、完好，清晰可辨。

②无异物悬挂。

③外观完好，表面清洁，连接牢固。

④无异常振动和声响。

⑤线夹、接头无过热、无氧化、无异常。

⑥带电显示装置运行正常。

⑦软母线无断股、散股及腐蚀现象，多股导线应无松散、无伤痕。表面光滑整洁。

⑧硬母线应平直、焊接面无开裂、脱焊，伸缩接头应正常。

⑨绝缘母线表面绝缘包敷严密，无开裂、起层和变色现象。

⑩绝缘屏蔽母线屏蔽接地应接触良好。

（2）引流线的日常巡视检查。

①无断股或散股、腐蚀现象，无异物悬挂。

②线夹、接头无过热、无异常。

③无绷紧或松弛现象。

（3）金具的日常巡视检查。

①无锈蚀、变形、损伤。

②伸缩金具无变形、散股及支撑螺杆脱出现象。

③线夹无松动，均压环平整牢固，无过热发红现象。

（4）绝缘子的日常巡视检查。

①绝缘子防污闪涂料无大面积脱落、起皮现象。

②绝缘子各连接部位无松动现象，金具和螺栓无锈蚀。

③绝缘子表面无裂纹、破损和电蚀，无异物附着。

④支持瓷绝缘子瓷裙、基座及法兰无裂纹。

⑤支持绝缘子及硅橡胶伞裙表面清洁，无裂纹及放电痕迹，渗水性好。

⑥支持瓷绝缘子无倾斜。

2）母线、绝缘子等的特殊巡视检查

在以上例行巡视检查的基础上，还应进行全面巡视和特殊巡视，主要内容如下：

（1）对母线、引流线及各接头进行全面红外测温。

（2）检查绝缘子表面积污情况。

（3）支持瓷绝缘子结合处涂抹的防水胶无脱落现象，水泥胶装面完好。

（4）新投入或者经过大修的母线及绝缘子巡视检查：

①母线、引流线无异常声响，各接头无发热现象。

②使用红热成像仪进行测温。

（5）严寒季节时，重点检查母线抱箍有无过紧、开裂发热，母线接缝处伸缩器是否良好，绝缘子有无积雪冰凌桥接等现象。

（6）高温季节重点检查接点、线夹、抱箍发热情况，母线连接处伸缩器是否良好。

（7）故障跳闸后的巡视检查：

①检查现场一次设备外观是否正常，导引线有无断股现象。

②检查保护装置的动作情况。

③检查断路器运行状态。

④检查绝缘子表面有无放电现象。

⑤检查各气室压力、接缝处伸缩器是否正常。

4.2.2.3　高压配电装置的维护

1. 断路器的维护

1）端子箱、机构箱维护

箱体、箱内驱潮加热元件及回路、照明回路、电缆孔洞封堵维护。

2）断路器本体（地电位）锈蚀处理

（1）对断路器本体（地电位）的初发性锈蚀，用钢丝刷、纱布、刨刀、面纱将锈蚀部位处理干净，使表面露出明显的金属光泽，无锈斑、起皮现象。

（2）对表面处理后的部分，涂抹防腐材料，并喷涂同色度的面漆。

（3）处理时，应保证足够的安全距离。

3）指示灯更换

（1）发现指示灯不能正确反映设备正常状态时，应予以检查，确定为指示灯故障时应更换。

（2）应选用相同规格型号的指示灯。更换时，应戴线手套，使用的工具应绝缘良好，防止发生短路接地。

（3）拆解的二次线应做好标记，并进行绝缘包扎处理。

（4）更换完成后，应坚持指示灯指示与设备实际状态相符。

4）储能空气开关更换

（1）发现储能空气开关故障时，应进行更换。

（2）应选用相同规格型号的空气开关。

（3）弹簧操动机构储能指示正常，液压、气动机构压力指示正常。

（4）更换前，应断开上级电源空气开关或拆除电源线，并确认储能空气开关两侧无电压。

（5）更换时，应戴线手套，使用的工具应绝缘良好，防止发生短路接地。

（6）拆解的二次线应做好标记，并进行绝缘包扎处理。

（7）更换后相序正确，确认无误后方可投入。

2. 隔离开关的维护

（1）端子箱、机构箱维护。包括箱体、箱内驱潮加热元件及回路、照明回路、电缆孔洞封堵检查维护。

（2）红外检测。

①检测周期：

a. 35~110 kV 每 6 个月不少于 1 次。

b. 新安装的投运后 1 月内不少于 1 次,大修投运后 1 周内不少于 1 次。

c. 迎峰度夏(冬)、大负荷、保供电期间增加检测频次。

②检测范围:引线、线夹、触头、导电杆、绝缘子、二次回路。

③检测重点:线夹、触头、导电杆。

④检测方法:参照《带电设备红外诊断应用规范》(DL/T 664)。

3. 电流互感器的维护

电流互感器的维护主要是做红外检测。

1)检测周期

(1)35~110 kV 电流互感器每 6 个月不少于 1 次检测。

(2)新安装及大修重新投运后 1 周内测温 1 次。

(3)迎峰度夏(冬)、大负荷、检修结束送电、保供电期间及必要时增加检测频次。

2)检测范围

检测范围为本体、引线、接头、二次回路。

4. 电压互感器的维护

1)高压熔断器更换

运行中,高压互感器高压熔断器熔断时,应立即更换。高压熔断器的更换应在停电状态并做好安全措施后方可进行,并注意二次保护设备的影响,防止误动、拒动。

2)二次回路熔断器、空气开关更换

(1)运行中,电压互感器二次回路熔断器熔断、空气开关损坏时,应立即进行更换,并应注意二次设备影响,防止误动、拒动。

(2)更换前,做好安全措施,防止交流二次回路短路或接地。

(3)更换时,应采用型号、技术参数一致的备品。

(4)更换后,应立即检查相应的电压指示,确认电压互感器二次回路恢复正常。

3)红外检测

(1)35~110 kV 电压互感器每 6 个月不少于 1 次检测。

(2)新安装及大修重新投运后 1 周内测温 1 次。

(3)迎峰度夏(冬)、大负荷、检修结束送电、保供电期间及必要时增加检测频次。

(4)重点检测本体。

5. 高压熔断器的维护

1)红外检测

(1)35~110 kV 电压互感器每 6 个月不少于 1 次检测。

(2)新安装及大修重新投运后 1 周内测温 1 次。

(3)迎峰度夏(冬)、大负荷、检修结束送电、保供电期间及必要时增加检测频次。

(4)重点检测熔断器本体及连接部位。

2)高压熔断器更换(不包括电容器喷逐式熔断器)

(1)更换前,应退出可能误动的保护。

(2)更换前,应拉开或取下电压互感器二次隔离开关或熔断器。

(3)更换前,应拉开电压互感器一次隔离开关,手车式将手车拉至检修位置。

(4)更换前,应测量熔断相并确认。

(5)更换前,应检查电压互感器本体无异常。

(6)更换前,应检查电压互感器熔断器是否完好。

(7)更换后,复原保险套管并拧紧,确认各连接部位接触良好。

(8)更换后,应测量二次各相电压正常。

6. 母线及绝缘子的维护

1)标识维护、更换

(1)发现标识脱落、辨识不清时,应视现场实际情况对标识进行维护或更换。

(2)维护时,保持与带电设备足够的安全距离。

2)红外测温

(1)35~110 kV 电压互感器每 6 个月不少于 1 次检测。

(2)新安装及大修重新投运后 1 周内测温 1 次。

(3)迎峰度夏(冬)、大负荷、检修结束送电、保供电期间及必要时增加检测频次。

(4)检测范围为母线、引流线、绝缘子及各连接金具。

(5)重点检测母线各连接接头(线夹)等部位。

4.2.3　高压配电装置的操作

4.2.3.1　高压配电装置的运行操作规定

1. 电气设备操作原则

(1)停送电操作顺序:停电操作时,一般先停一次设备,后停保护、自动装置;送电时,一般先投入保护、自动装置,后投入一次设备。

(2)设备停电时,先断开设备各侧断路器,后断开各断路器两侧隔离开关;设备送电时,先合设备各断路器两侧的隔离开关,最后合断路器,防止带负荷拉合隔离开关。

(3)设备送电时,合隔离开关及断路器的顺序是从电源侧逐步送向负荷侧;设备停电时,与送电顺序相反。

2. 断路器的运行操作规定

(1)断路器铭牌标称容量接近或小于安装地点的母线短路容量,在开断短路故障后,禁止强送,并停用自动重合闸,严禁就地操作。

(2)断路器应具备远方和就地操作方式。断路器正常应在控制室内进行远控分、合闸操作,只有在远控失效,断路器遮断容量满足系统要求且系统又急需操作时,方可就地近控分闸操作,运行中一般不进行近控合闸操作。

(3)当断路器开断故障电流的次数比其额定短路电流开断次数少一次时,应向调度申请退出该断路器的重合闸。当达到额定短路电流的开断次数时,申请将断路器检修。

(4)每年应按相累计断路器的动作次数、短路故障开断次数和每次短路开断电流。

(5)断路器允许开断故障次数应写入发电厂/变电站现场专用记录。

(6)断路器操作是否到位应从监控系统上断路器位置的变换、相应的电流/电压标记指示变化情况及断路器的操作机构和机械指示的位置来判断。

（7）出现断路器两相运行时，应迅速恢复全相运行，如无法恢复，应拉开该非全相运行的断路器。

（8）断路器慢分、慢合操作必须在不带电且只能在现场调试断路器时进行。

（9）断路器转检修时，应断开断路器交直流操作电源。

（10）断路器被分合闸闭锁时，不得解除闭锁操作断路器或手动操作断路器。

（11）断路器在检修后工作票注销前，必须做一次远方分合闸试验，严禁拒动断路器投入运行。

（12）断路器投运前，应检查接地线是否全部拆除，防误闭锁装置是否正常。

（13）停运超过 6 个月的断路器，应经常规试验合格方可投运。

3. 隔离开关的运行操作规定

（1）分、合隔离开关时，应先检查相应回路的断路器确实在断开位置，确认送电范围内接地线已拆除。

（2）隔离开关一般应在主控室进行远动操作，不得在带电情况下就地手动操作，以免失去电气闭锁。当远控电气操作失灵时，可在现场就地进行电动或手动操作，但必须征得值长或值班负责人的许可，并在有现场监督的情况下才能进行。

（3）手动就地操作的隔离开关，合闸应迅速果断，但在合闸终了不得用力过猛，以免合闸过度损坏机械。带负荷拉合隔离开关时，严禁将隔离开关再次合上或拉开，否则将造成弧光短路引起事故。

（4）切断空载线路、空母线、空载变压器或系统环路，应迅速果断，以使电弧迅速熄灭，防止烧坏触头。

（5）隔离开关分合操作后，值班人员应到现场逐相检查其分、合位置，同期情况，触点接触深度等项目，确保隔离开关动作正常，位置正确，达到标准。

（6）在操作隔离开关过程中，要特别注意绝缘子有断裂等异常时，应迅速撤离现场，防止人身受伤。

（7）隔离开关、接地刀闸和断路器之间安装有防止误操作的电气、电磁和机构闭锁装置，倒闸操作时，一定按顺序进行。

（8）禁止使用隔离开关进行下列操作：

①带负荷分、合操作。

②配电线路的停送电操作。

③雷电时，拉合避雷器。

④系统有接地（中性点不接地系统）或电压互感器内部故障时，拉合电压互感器。

⑤系统有接地时，拉合消弧线圈。

（9）发现下列情况，应紧急停运：

①线夹有裂纹、接头处导线断股。

②导线回路严重发热达到危急缺陷，且无法倒换运行方式或转移负荷。

③绝缘子严重破损且伴有放电声或严重电晕。

4. 互感器的运行规定

1) 电流互感器的运行操作规定

(1) 电流互感器的二次线圈在运行中不允许开路, 备用的二次绕组应短接接地。

(2) 电流互感器二次绕组所接负荷应在准确等级所规定的负荷范围内。

(3) 电流互感器允许在设备最高电压下和额定连续热电流下长期运行。

(4) 电流互感器在投运前和运行中应检查各部位接地是否牢固可靠, 末屏应可靠接地, 严防出现内部悬空的假接地现象。

(5) 停运中的电流互感器投入运行后, 应立即检查表计指示情况和电流互感器本体有无异常现象。

(6) 新装或检修后, 应将电流互感器三相的油位调整一致, 运行中的电流互感器应保持微正压。

(7) 具有吸湿器的电流互感器, 运行中其吸湿剂应干燥, 油封油位应正常。

2) 电压互感器的运行操作规定

(1) 电压互感器二次侧严禁短路。

(2) 电压互感器二次绕组所接负荷应在准确等级所规定的负荷范围内。

(3) 在电压互感器投入运行前, 先安装上高、低压侧熔断器, 合上出口断路器, 投入电压互感器所带的继电保护及自动装置。

(4) 停运中的电压互感器投入运行后, 应立即检查表计指示情况和本体有无异常现象。

(5) 新装或检修后, 应将互感器三相的油位调整一致, 运行中的互感器应保持微正压。

(6) 电压互感器 (含电磁式和电容式电压互感器) 允许在 1.2 倍额定电压下连续运行。中性点有效接地系统中的互感器, 允许在 1.5 倍额定电压下运行 30 s。中性点非有效接地系统中的电压互感器, 在系统无自动切除对地故障保护时, 允许在 1.9 倍额定电压下运行 8 h; 在系统自动切除对地故障保护时, 允许在 1.9 倍额定电压下运行 30 s。

(7) 电压互感器并列运行在双母线制中, 每组母线接 1 台电压互感器, 应先检查母联断路器是否合上。

(8) 具有吸湿器的电压互感器, 运行中其吸湿剂应干燥, 油封油位应正常。

(9) 电压互感器停用时, 顺序如下:

① 先停用电压互感器所带的保护及自动装置。

② 拉开低压侧自动空气开关或取下低压熔断器, 以防止反充电, 使高压侧断电。

③ 拉开电压互感器出口隔离开关, 取下高压侧熔断器。

④ 在电压互感器进线各相分别进行验电, 验明无电后, 装设好接地线, 悬挂标示牌, 经过工作许可手续, 方可进行检修工作。

5. 高压熔断器运行规定

(1) 高压熔断器送电前必须试验合格, 各项检查合格, 各项指标满足要求。

(2) 高压熔断器的额定电压和最高电压应满足运行要求。

(3) 高压熔断器的额定电流选择应能满足被保护设备熔断保护的可靠性、选择性、灵敏性,考虑到可能出现的短路电流,选用相应分断能力的高压熔断器。

(4)高压熔断器更换应使用参数相同、质量合格的熔断器。

(5)户外高压熔断器不允许使用户内型熔断器替代。

(6)运行时间超过5年的电容器用高压熔断器应进行更换。

(7)被保护设备的参数发生变化后,应重新核对所选用高压熔断器的参数。

6. 消弧线圈运行规定

(1)电网在正常运行时,消弧线圈应按调度要求投入。消弧线圈连续运行时间一般不宜超过2 h,否则应切除故障线路。

(2)电网在正常运行时,不对称度应不超过1.5%。长时间中性点位移电压不允许超过额定电压的15%。在操作过程中不允许超过额定相电压的30%。

(3)当消弧线圈的端电压超过相电压的15%,且消弧线圈已经动作时,则应按接地故障处理。

(4)不许将两台变压器的中性点同时并于一台消弧线圈上运行,当需要切换消弧线圈时,应先拉后合。

(5)当电网有操作或有接地故障时,不得停用消弧线圈。

(6)改变消弧线圈运行台数时,应相应改变继续运行中的消弧线圈分接头,以得到合适的补偿电流。

(7)消弧线圈发生故障时,应在经上级同意并确认无接地故障的情况下,先停变压器,然后拉开消弧线圈的隔离开关,禁止用隔离开关停用有故障的消弧线圈。

(8)当系统中有接地故障时,不允许操作消弧线圈的隔离开关,否则可能会产生弧光短路事故。

(9)正常投入时,先投入变压器,再投入消弧线圈,停用时,只需拉开消弧线圈隔离开关即可。

7. 母线及绝缘子运行规定

(1)母线及绝缘子送电前应试验合格,各项检查项目合格,各项指标满足要求,保护按照要求投入,并经验收合格,方可投运。

(2)母线及接头长期允许工作温度不宜超过70 ℃。

(3)检修或长期停用的母线,投运前必须用带保护的断路器对母线充电。

(4)用母联(分段)断路器给母线充电前,应投入充电保护;充电后,退出充电保护,无充电保护的可以用过流Ⅰ段保护代替。

(5)旁路母线投入前,应在保护投入的情况下用旁路断路器对旁路母线充电1次。

(6)母线停送电操作前,应避免电压互感器二次侧反充电。

(7)发现母线有下列情况之一,应立即汇报申请停运:

①母线支持绝缘子倾斜、绝缘子断裂。

②悬挂型母线滑移。

③单片悬式瓷绝缘子严重发热。

④硬母线伸缩接头变形。

⑤母线上悬挂异物。

⑥软母线或引流线有断股,截面损失达25%以上或不满足母线短路通流要求。

⑦母线严重发热,热点温度不小于130 ℃或相对温差不小于95%。

4.2.3.2　高压配电装置的操作

1. 断路器的操作

1) 断路器送电操作

(1)合闸送电前的检查。

①在合闸送电前,要收回发出的所有工作票,现场清洁,无遗留工具,拆除临时接地线,并全面检查断路器。

②断路器两侧的隔离开关都处于断开位置。

③断路器的三相均处在断开位置,分、合机械指示器均处于"分"的位置,油位、油色都正常,并无渗漏油现象。

④操动机构应整洁完整,连杆、拉杆绝缘子、弹簧及油缓冲器等也应完整无损,断路器手动跳闸脱扣机构应完整灵活。

⑤断路器的继电保护及自动装置应处于投入位置,以便发生情况时能切除故障。

⑥经仔细检查,确认无误后,对断路器进行一次分、合闸试验,动作应精确灵活。

⑦断路器的接地装置应紧固不松动,断路器周围的照明及围栏良好。

(2)断路器合闸。

断路器应具备远方和就地操作方式。断路器正常应在控制室内进行远控分、合闸操作,只有在远控失效时,断路器遮断容量满足系统要求且系统又急需操作时,方可就地近控分闸操作,运行中一般不进行近控合闸操作。

①检查断路器分、合闸机械指示器的指示,确认断路器三相处于断开状态。

②先合上电源侧隔离开关,再合上负荷侧隔离开关。

③装上(合上)操作熔断器(自动空气开关)。

④断路器一般均具备远方及就地操作方式,正常情况下必须进行远控分、合闸操作,只有在远控失效,断路器遮断容量满足系统要求且系统又急需操作时,才可就地近控分、合闸。在核对断路器名称和编号无误后,若进行远控合闸操作,仅需将断路器"远方/就地"切换开关切至"远方",在远方控制室点击合闸按钮就可进行合闸操作。

若进行断路器就地合闸操作,其操作步骤如下:断路器"远方/就地"切换开关切至"就地";将操作手柄顺时针旋转90°至"预备合闸"位置;待绿色指示灯闪光,将操作手柄顺时针旋转45°至"合闸"位置;手脱离后,手柄自动逆时针返回45°。

⑤确认断路器三相在合闸位置:断路器绿灯熄灭,红灯亮,三相电流指示平衡。

2) 断路器停电操作

(1)核对断路器的名称、编号无误。

(2)断路器分闸操作。

若进行远控分闸操作,仅需将断路器"远方/就地"切换开关切至"远方",在远方控制室点击分闸按钮就可进行分闸操作。

若进行断路器就地分闸操作,其操作步骤如下:

①断路器"远方/就地"切换开关切至"就地"。

②将操作手柄逆时针旋转至"预备分闸"位置。

③待红灯闪光,将操作手柄逆时针旋转45°至"分闸"位置。

④手脱离后,手柄自动顺时针返回45°。

(3)确认断路器处于分闸位置:断路器红灯熄灭,绿灯亮,三相电流指示为零。

(4)先拉开负荷侧隔离开关,后拉开电源侧隔离开关。

(5)拉开断路器操作电源空气开关,取下操作熔断器。

2. 母线的操作

1)母线停电操作

(1)母线停电前,应确认停电母线上所有元件已转移,同时防止电压互感器反送电。

(2)拉开母联断路器前的操作及注意事项:

①停用可能误动的保护和自动装置,母线恢复正常方式后,将保护及自动装置按正常方式投入。

②应确认两段母线电压互感器二次并列开关在断开位置,防止运行母线电压二次回路向停电母线反送电。

③对要停电的母线再检查一次,确认设备已全部倒至运行母线上,防止因漏倒引起停电事故。

④拉开母联断路器前,确认母联断路器电流表应指示为零,防止误切负荷。

(3)拉开母联断路器及其两侧隔离开关。应先拉开待检修母线侧隔离开关,再拉开运行母线侧隔离开关。

(4)取下母线电压互感器二次熔断器或拉开二次开关,拉开其高压侧隔离开关。

(5)母线停电后,根据检修任务在母线上装设接地线或合上接地开关。

2)母线送电操作

(1)母线送电操作程序与停电操作程序相反。

(2)母线送电时,应对母线进行检验性充电,送电前应将专用充电保护投入,充电后,退出专用充电保护,用旁路开关对旁路母线充电,应投入旁路开关线路保护或充电保护。

(3)送电前,确认母线上所有检修过的母线隔离开关在分闸位置,防止向其他设备误充电。

3)倒母线操作

(1)倒母线操作时,应按照合上母联断路器,投入母线保护互联压板,拉开母联断路器控制电源,再切换母线侧隔离开关的顺序进行。运行断路器切换母线隔离开关,应"先合、后拉"。

(2)冷倒(热备用断路器)切换母线隔离开关,应"先拉、后合"。

(3)倒母线操作时,在某一设备间隔母线侧隔离开关合入母线后,应检查该间隔二次电压切换正常。

(4)双母线接线方式下,变电站倒母线操作结束后,先合上母联断路器控制电源开关,然后退出母线保护互联压板。

3. 消弧线圈的操作

1) 消弧线圈的投入操作

(1) 启用连接消弧线圈的主变压器。

(2) 确认消弧线圈的分接头在需要工作的位置上。

(3) 操作人员根据接地信号灯的指示情况,证明电网内确无接地故障存在时,合上消弧线圈的隔离开关。

(4) 仪表与信号装置应工作正常,补偿电流表指示在规定值内。

2) 消弧线圈的停用操作

在消弧线圈检修或改换分接头时,需要停用消弧线圈。在电网正常运行时,停用消弧线圈,只需拉开消弧线圈的隔离开关即可。若消弧线圈本身有故障,则应先拉开连接消弧线圈的变压器两侧的断路器,然后拉开消弧线圈的隔离开关。

3) 消弧线圈分接头的调整操作

消弧线圈分接头的调整操作,必须在消弧线圈停用后进行。其具体操作程序如下:

(1) 拉开消弧线圈的隔离开关。

(2) 在隔离开关下端装设临时接地线。

(3) 将分接头调整至需要位置,并左右转动,使之接触良好。

(4) 拆除隔离开关下端临时接地线。

(5) 用万用表测量,确认其分接头接触良好。

4.3 厂用电系统运行与维护

4.3.1 厂用电概述

4.3.1.1 厂用电作用及分类

1. 作用

厂用电用以保证主要设备和辅助设备的正常运行的用电及照明用电,在事故时,能保证一类负荷的供电,来满足水电厂安全、经济、稳定运行的需要。

2. 分类

(1) 根据电源用途不同,厂用电可分为工作电源、备用电源、交流不间断电源和事故保安电源。

①工作电源是保证发电厂正常运行的基本电源,通常不少于两个。

②备用电源用于事故情况下失去工作电源时,起后备作用。

③交流不间断电源主要用于给水电厂计算机控制系统提供电源,当自用电源全部消失时,由蓄电池组继续供电。

④事故保安电源用于厂用电源完全消失时确保事故状态下能安全停机。

(2) 根据电源来源不同,厂用电可分为主发电机供电、柴油发电机供电、小型水轮发电机组供电和系统供电。

(3) 根据电动机容量范围不同,厂用电按电压等级可分为 380 V、6 kV 和 10 kV 厂用电。水电厂通常只设 380 V/220 V 等级。

4.3.1.2 厂用负荷的分类

1. 一类负荷

重要机械及监控、保护、自动装置等二次设备用电,例如调速系统和润滑系统的油泵、发电机的冷却系统等;允许电源中断的时间,仅为电源操作切换时间,它们停止工作后,会引起主机减少出力或停止发电,甚至可能使主机或辅助设备损坏。对于一类负荷,应设置两个独立的电源,并配置备用电源自动投入装置。

2. 二类负荷

次重要机械停止工作后,一般不会影响水电厂机组的出力,可由运行人员采取措施使它们恢复工作。允许停电不超过十几分钟,但必须设法恢复。对于二类负荷,应由两个独立电源供电,备用电源采用手动切换或自动方式投入。

3. 三类负荷

较长时间停电不会直接影响发电厂生产的负荷,例如,机修间、试验室、油处理设备等。对于三类负荷,一般由一个电源供电,不需要考虑备用。

4. 事故保安负荷

事故保安负荷是指事故停机过程中及停机后一段时间内应保证供电,否则可能引起主要设备损坏、自动控制失灵及危及人身安全的厂用负荷。事故保安负荷可分为以下两类:

(1)直流事故保安负荷。由蓄电池组供电。

(2)交流事故保安负荷。平时由交流厂用电源供电,失去厂用电源时,一般采用柴油发电机组或其他备用电源自动投入供电。

5. 不间断供电负荷

在机组启动、运行和停机过程中,甚至停机后的一段时间内,需要连续供电并具有恒频恒压特性的负荷,一般采用由蓄电池组或逆变器供电。

4.3.1.3 厂用电接线基本要求及形式

1. 厂用电接线基本要求

1)供电可靠

供电可靠主要有 3 个方面的要求:

(1)选用质量合格的厂用电配电设备。

(2)厂用电配电设备上下各级之间保护动作选择性配合合理,不发生故障时越级跳闸。

(3)保证重要的厂用电负荷供电电源可靠,应有两个电源供电,当任一电源发生故障时,另一电源应能自动切换投入,不影响负荷的连续供电。

2)接线简单

电源、设备和负荷之间连接应清晰明了,尽量简化接线,避免因设备间连接复杂互相影响而增加故障概率,也便于操作维护和管理,减少误操作事故,从而提高厂用电系统的运行可靠性。

3)经济合理

在技术优越性基本相同的基础上,力求造价最省。

2.厂用电接线形式

(1)高、低压厂用电母线通常都采用单母线接线,具有简单、清晰、运行维护方便等特点,并多以成套配电装置接受和分配电能。

(2)低压 380 V/220 V 厂用电母线,在水电厂一般按水轮机组分段,在中小型电厂中,全厂只分为两段或三段。

(3)200 MW 及以上大容量机组,如公用负荷较多、容量较大,当采用集中供电方式合理时,可设立高压公用母线段。

(4)老式的低压厂用电系统采用中央配电屏—车间配电盘—动力箱的组合方式,新型低压厂用电系统采用动力中心—电动机控制中心的组合方式,即在一个单元机组中设有若干个动力中心,直接供电给容量较大的电动机和容量较大的静态负荷。

(5)对厂用电动机的供电方式有个别供电和成组供电两种。

4.3.1.4　**厂用电接线实例**

某水电厂厂用电系统接线如图 4-1 所示,分别由一号厂房厂用电、二号厂房厂用电和坝顶厂用电组成,都采用单母线分段接线方式。厂用电的电源点共有 5 个,分别是主发电机供电、外来变电站 10 kV 线路供电、厂房之间或厂房与坝顶之间互供互联、防汛电站供电及移动发电车从坝顶接入供电。由于该电厂属于区域电网调频调压和事故备用电厂,所以在设计上厂用电结构简单,但电源分布广,运行方式多样,操作方便灵活,能快速倒换,设计中取消了 6.3 kV 中压系统,由机端 13.8 kV 或外来 10 kV 线路直接降压为 400 V母线供电。全厂共有 8 台厂用电,数十种运行方式,正常情况下,一、二号厂房厂用电由外来变电站通过两回 10 kV 线路分别供电。

4.3.2　厂用电巡视检查与维护

现以如图 4-1 所示水电厂厂用电系统为例,说明厂用电巡视检查与维护的相关知识。

4.3.2.1　**厂用电运行的一般规定**

(1)正常运行时,10 kV 母线电压应保持在额定的 ±5% 范围内;400 V 母线的电压应保持在 380~400 V,最高不得超过 420 V,最低不得低于 360 V。

(2)主变压器正常停电前,应先倒换厂用电,主变压器送电后应将厂用电恢复正常运行方式。

(3)厂用变压器禁止并列运行,若倒换厂用电,必须先停后送,防止非同期合闸;下级各段厂用母线之间不得环网运行。

(4)厂用电设备投运前保护必须投入。

(5)备用厂用电设备应经常处于完好状态,保证能随时投入运行。

(6)厂用电设备外壳及其构架必须接地良好。

(7)10 kV 、400 V 厂用母线上不得搭接与生产无关的负荷。

(8)事故照明装置禁止搭接其他临时用电设备。

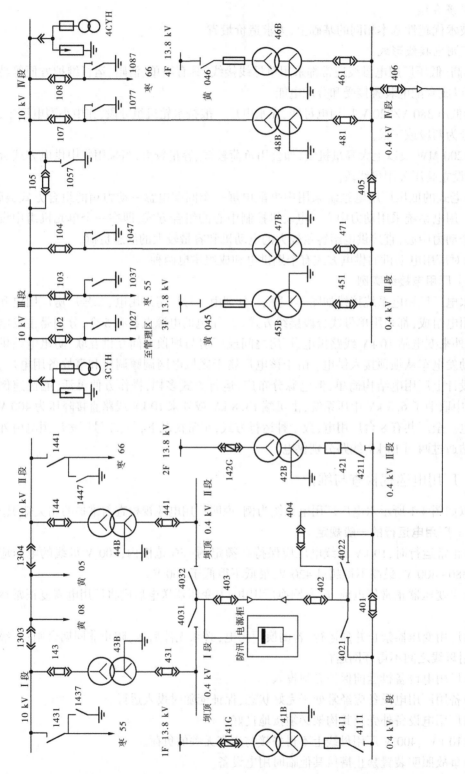

图 4-1　某水电厂厂用电系统接线

（9）厂用变压器、10 kV 电缆长期停用或检修后,在投入运行前应测量绝缘电阻并做好记录。

（10）10 kV 系统的绝缘电阻使用 2 500 V 兆欧表测量,其值不得低于 10 MΩ;400 V 系统的绝缘电阻使用 500 V 兆欧表测量,其值不得低于 0.5 MΩ。变压器检修投入运行前,应测量绝缘电阻,若电阻值降至上一次在相同温度下测得值的 50% 或更低,应经主管生产厂长或总工程师同意后,方可投入运行。

（11）新安装或进行过有可能变更相位作业的厂用电系统,在受电后带负荷前,必须先进行核相,确定相位、相序是否正确。

（12）厂用电系统故障、事故及厂用电倒闸操作后应检查负荷运行情况,保持重要厂用负荷的连续运行。

（13）在查找 10 kV 接地故障时,应穿绝缘靴,戴绝缘手套。

（14）厂用干式变压器线圈的温度不允许超过 100 ℃,坝顶变压器不允许超过 155 ℃。

（15）变压器运行电压变化不得超过额定值的 ±5%;不论其分接头开关在任何位置,如果所加一次电压变化不超过其相应额定值的 ±5%,则二次侧可带额定负荷电流。

（16）正常情况下,厂用电母线分段运行,由厂用变压器 41B、42B 分别供电,401 开关断开,严禁环网运行,防止非同期并列及产生环流。

（17）厂用变压器 41B、42B 检修完后,投入运行前必须同发动机一起进行零起升压试验(不带主变压器)。

（18）厂用变压器停电时,不允许用厂用变压器高压侧限流熔断器 R41(R42)拉、合空载变压器。

（19）厂用变压器禁止与坝顶变压器并列运行。

（20）厂用电母线分段运行时,不允许负荷侧并列运行。

（21）坝顶变压器检修完后,投入运行前只能用 143 或 144 开关充电,不允许用 431 或 441 低压开关对变压器充电。

（22）厂用电某一段母线失去电源后,401 开关未自动投入时,应检查 411(421)开关确已断开,母线无明显故障后可强送 401 开关一次,若不成功,则查明原因后再送电。

4.3.2.2　厂用电的巡视检查

1. 厂用电巡视检查要求

（1）10 kV 与 0.4 kV 厂用配电装置每天至少巡检 1 次。

（2）确认厂用 10 kV、400 V 各段母线三相电压在规定范围内。

（3）确认各配电盘柜二次接线、继电器完好,连片、切换开关投入正确,表计和信号指示灯指示正确。

（4）各配电盘熔断器外观无损伤,熔断器无熔断,容量相符。

（5）变压器及附近无异物、锈蚀和脏污,各部连接螺栓无松动。

（6）变压器的外罩、遮栏牢固完整,通风良好畅通,室内无渗漏水,照明良好,温度适宜。

2. 厂用电设备巡视检查项目

1) 厂用变压器检查项目

(1) 变压器柜门关好。

(2) 无异常声音。

(3) 引线接头无过热现象。

(4) 中性点接地良好。

(5) 变压器外壳接地良好。

(6) 温度指示正常。

(7) 加热器工作正常。

2) 400 V 开关检查项目

(1) 开关本体无破坏、变色、凝露、渗水及异味。

(2) 温度无异常。

(3) 内部无异常的振动和噪声。

(4) 开关分合位置指示灯状态、指示灯无异常。

(5) 各框架开关已储能,位置正常。

(6) 各抽屉开关的抽屉位置正常。

(7) 400 V 母联开关的备用电源自动投入装置(BZT 装置)无异常信号,BZT 压板位置正确。

(8) 400 V 框架开关保护装置正常,无故障信号。

3) 10 kV 开关检查项目

(1) 本体无破坏、变色、凝露、渗水和异味。

(2) 温度无异常,包括导体、绝缘被覆的温度等。

(3) 导体和结构零件无异常的振动和噪声。

(4) 开关位置指示正确。

(5) 开关已储能。

(6) 开关小车位置正确。

(7) 开关控制方式在"远方"。

(8) 盘柜加热器电源投入。

(9) 各测量表计指示正常。

(10) 开关综合保护装置运行正常,无故障信号,保护压板位置正确。

(11) 各 10 kV 隔离柜上的 BZT 装置运行正常,BZT 压板位置正确。

4) 厂用高压变压器进线开关的检查项目

(1) 本体无破坏、变色、凝露、渗水及异味。

(2) 温度无异常,包括导体、绝缘被覆的温度等。

(3) 导体和结构零件无异常的振动和噪声。

(4) 开关位置指示正确。

(5) 开关已储能。

(6) 开关小车位置正确。

(7)开关控制方式在"远方"。

(8)开关综合保护装置正常,无故障信号,保护压板位置正确。

3.厂用电巡视检查实例

(1)厂用变压器正常情况下,每天检查两次,当变压器检修后第一次带负荷、外部短路故障及过负荷运行时,应增加检查次数。

(2)厂用变压器声音是否正常,有无异音发生。

(3)绝缘瓷瓶是否清洁,有无放电和破裂现象。

(4)厂用变压器高、低压侧刀闸及各连接处是否发热。

(5)厂用变压器室内环境温度超过 30 ℃时,应启动母线室送风机。若上游空调投运,可不投运厂用电母线送风机。

(6)厂用变压器、坝顶变压器保护必须与厂用变压器、坝顶变压器同时投入运行。

(7)各动力盘电压表指示电压在正常范围,各开关位置正确,无发热,保险无熔断现象。

(8)坝顶 10 kV 系统开关、刀闸位置正确,接触良好,各电源、保护投入正确,无信号掉牌,母线电压正常,绝缘瓷瓶无破损、闪络、放电现象。

(9)400 V 母线及各接头连接良好,无松动、发热等现象。

(10)正常情况下,枣 55-DL552 开关、DL552G 刀闸、枣 66-DL661 开关、DL661G 刀闸均应在合闸位置。

(11)消谐管为偶发性、间歇、瞬时工作,连续燃点寿命可达 1 250 h,但管子中电阻丝是瞬时工作方式,不允许长期通电。每次装置动作或系统发生异常冲击后,应检查管子是否发黑、漏气(白色)、断丝,如有上述情况,应立即通知检修人员换管。

4.3.2.3　厂用电的维护

1.厂用电的维护规定

(1)为保证设备安全可靠地运行,厂用电必须定期进行试验、切换、维护工作。

(2)运行人员应根据厂用电的运行状态进行分析,发现设备有异常趋势,应及时对设备进行维护保养,保证设备的安全运行。

(3)备用电源自动投入装置必须定期进行测试维护工作,发现问题要及时通知检修维护人员处理。

(4)按要求搞好厂用电的清洁卫生工作。

(5)运行人员应按规定进行定期维护工作,并做好记录。

2.厂用电维护具体内容

(1)定期进行 10 kV 母线备自投试验。

(2)定期进行 400 V 母线备自投及自恢复试验。

(3)定期进行事故照明自动切换试验。

(4)低压熔断器若损坏,应查明原因并处理后方可更换;应更换为同型号的熔断器,再次熔断不得试送,联系检修人员处理。

(5)定期对屏柜体及屏柜内照明回路进行维护,对损坏的指示灯进行更换。

(6)必要时应对交流电源屏、交流不间断电源屏等装置内部件进行红外检测,重点检测屏内各进线开关、联络开关、馈线支路空气开关、熔断器、引线接头及电缆终端。

4.3.3　厂用电的操作

现以如图 4-1 所示水电厂厂用电系统为例说明厂用电操作相关知识。

4.3.3.1　厂用电解除备用及恢复备用操作

1. 厂用电解除备用操作

(1)倒厂用电为 42B(41B)联络运行。

(2)411(421)开关在分闸位置,拉开 4111(4211)刀闸。

(3)1(2)号机已停或空转。

(4)将 41B(42B)高压侧限流熔断器 R41(R42)小车摇至试验位置。

(5)退出 41B(42B)"投高厂变高压侧后备压板"(41B、42B 过流Ⅰ、Ⅱ段)压板 1LP4。

(6)退出 41B(42B)"投高厂变低压侧后备压板"(41B、42B 零序Ⅰ、Ⅱ段)压板 1LP5。

(7)退出 41B(42B)"投高厂变过流零序Ⅲ段压板"1LP6。

(8)退出厂用变压器 41B(42B)Ⅰ段保护动作跳 401 开关压板 11LP7。

(9)退出厂用变压器 41B(42B)Ⅱ段保护动作跳 411(421)开关压板 11LP8。

(10)测量 41B(42B)绝缘电阻。

(11)根据要求做好安全措施。

2. 厂用电恢复备用操作

(1)收回检修工作票,拆除安全措施。

(2)测 41B(42B)绝缘电阻合格。

(3)41B(42B)外壳接地良好。

(4)41B(42B)中性点接地良好。

(5)41B(42B)保护操作电源开关 42K 在合闸位置。

(6)投入 41B(42B)"投高厂变高压侧后备压板"(41B、42B 过流Ⅰ、Ⅱ段)压板 1LP4。

(7)投入 41B(42B)"投高厂变低压侧后备压板"(41B、42B 零序Ⅰ、Ⅱ段)压板 1LP5。

(8)投入 41B(42B)过流零序Ⅲ段压板 1LP6。

(9)投入厂用变压器 41B(42B)Ⅰ段保护动作跳 401 开关压板 11LP7。

(10)投入厂用变压器 41B(42B)Ⅱ段保护动作跳 411(421)开关压板 11LP8。

(11)1(2)号机已停或空转。

(12)将 41B(42B)高压侧限流熔断器 R41(R42)小车摇至工作位置。

(13)411(421)开关在分闸位置,合上 4111(4211)刀闸。

(14)全面检查。

4.3.3.2　厂用电停送电操作

1. 厂用电Ⅰ段(Ⅱ段)母线停电操作

(1)倒换Ⅰ段(Ⅱ段)负荷。

(2)拉开 BZT 装置直流电源开关 DK。

(3)拉开 411(421)开关。

(4)确认 401 开关在分闸位置。

(5)将 401 开关控制把手切至"停止"位置。

(6)拉开 41B(42B)保护操作电源开关 42K。

(7)根据要求做好安全措施。

2.厂用电 I 段(Ⅱ段)母线恢复送电操作

(1)收回检修工作票,拆除安全措施。

(2)对厂用电 400 V 母线 I 段(Ⅱ段)进行全面检查。

(3)测厂用电 400 V 母线 I 段(Ⅱ段)绝缘电阻合格。

(4)合上 41B(42B)保护操作电源开关 42K。

(5)合上 BZT 装置直流电源 DK。

(6)厂用变压器 41B(42B)各保护压板正常投入。

(7)合上 4111(4211)刀闸。

(8)确认 41B(42B)带电正常。

(9)合上 411(421)开关。

(10)恢复厂用电 I 段(Ⅱ段)母线负荷。

(11)检查 401 开关在分闸位置。

(12)将 401 开关控制把手切至"自动"位置。

(13)全面检查。

第 5 章　电气二次设备运行与维护

5.1　水轮机调速器运行与维护

5.1.1　水轮机调速器概述

5.1.1.1　调速器的作用及分类

1. 作用

水轮机调速器作为水电厂水轮发电机组的重要控制设备,能根据电力系统负荷的变化,不断调节水轮发电机组的有功功率输出,使电力系统的负荷与发电机发出的有功功率相平衡,进而维持系统频率在允许范围内。此外,它还能独立或与计算机监控系统相配合,完成水轮发电机组的开机、停机、负荷调整、紧急停机等任务。

2. 分类

水轮机调速器自 19 世纪末产生至今,已经历了机械液压型调速器、模拟电气液压型调速器、微机调速器三个阶段,目前主要应用的是微机调速器。微机调速器由微机调节器、电机/电液转换装置及机械液压系统三部分组成,因而依据各部分采用的元器件的不同,又可分为不同类型的微机调速器,现分别加以说明:

(1)按微机调节器采用的微机控制器不同,可分为工业控制机(IPC)式、单片机式、可编程控制器(PLC)式、可编程计算机控制器(PCC)式微机调速器等类型;按其采用微机数量的不同,可分为单微机、双微机调速器等类型。

(2)按电液/电机转换装置不同,可分为步进电机式、交/直流伺服电机式、电液比例阀式、数字阀式微机调速器等类型。

(3)按机械液压系统中液压放大元件不同,可分为主配压阀式、插装阀式、主液动阀式、电液比例阀式微机调速器等类型。

(4)依据油压装置不同分类。

①常规油压调速器:该调速器采用的油压装置为常规油压装置,常规油压装置的工作油压一般为 2.5 MPa、4.0 MPa、6.3 MPa,通过向压力油罐内充入一定比例的压缩空气来形成并保持一定的油压,其压力油罐中的油和气是直接接触的。

②高油压调速器:该调速器采用的油压装置为高油压装置,工作油压一般为 10~16 MPa,它全面采用了液压行业中先进而成熟的高压液压产品,如蓄能器、高压齿轮泵、各类液压阀及液压附件等,其压力油罐(蓄能器)内充入的是氮气,并通过气囊使油与气分离。

5.1.1.2　微机调速器的总体结构及工作原理

1. 总体结构

如图 5-1 所示,微机调速器的总体结构包括微机调节器、电机/电液转换装置及机械液压系统三部分。

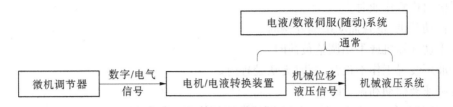

图 5-1　微机调速器总体结构

其中,微机调节器是微机调速器的核心,其作用是形成控制规律;电机/电液转换装置是关键,其作用是将微机调节器输出的控制信号转换为压力油的流量变化及油流的方向变化;机械液压系统的作用是将功率放大,使之具有一定的操作功。

通常将电机/电液转换装置与机械液压系统合在一起,统称为电液/数液伺服(随动)系统,即微机调速器由微机调节器和电液/数液伺服(随动)系统两大部分组成。

2. 工作原理

微机调节器以高性能的微机控制器为核心,采集机组频率、功率、水头、接力器位移及开/停机控制等信号,经过算术或逻辑运算形成一定的调节和控制规律,输出对应导叶开度的数字或电气信号。该信号经电机/电液转换装置转换为机械位移/液压信号,再经机械液压系统功率放大后去推动水轮机导水机构,从而控制导叶开启或关闭,实现对机组的控制和调节功能。

5.1.2　水轮机调速器的巡视检查与维护

5.1.2.1　调速器运行的基本要求、规定及方式

1. 调速器运行的基本要求

调速器投入运行前,应按规定进行试验,结果达到规定的指标后,还应重点核实以下项目:

(1)接力器关闭与开启时间的整定和关闭规律符合调节保证计算要求。

(2)调节参数整定正确。

(3)若机组检修期间压油罐排过油,重新开机前应在压力钢管无压,各部无人的情况下,做接力器充油排气试验。

(4)工作电源、备用电源及自动回路工作正常,信号正确。

(5)机组频率信号回路和电网频率信号回路完好并已投入。

(6)导叶开度反馈传感器钢丝平行完好,传动灵活。

(7)调速器与监控系统通信正常。

(8)远方及现地开(停)机、负荷调整、事故停机等动作正确。

(9)事故紧急停机电磁阀动作正常。

(10)锁锭装置动作正常、指示正确。

(11)机械柜内自动复中机构转动灵活。

2. 调速器运行的基本规定

(1)正常情况下,调速器应在"远方""自动"运行方式。

（2）在下列情况下，调速器应切至"手动"运行：

①机组检修作业时。

②自动开机，空载抽动影响并网时。

③手动开停机或手动调整负荷时。

④油压装置工作不正常，短时无法处理时。

⑤调速器抽动和振动时。

（3）机组运行中，在下列情况下，调速器应切换到"机手动"运行：

①调速器微机控制通道均故障。

②调速器导叶反馈故障。

③调速器电液转换单元（如电液伺服阀、比例伺服阀、电机伺服系统等）故障。

当调速器在"机手动"运行时，必须设专人在调速器机械柜处监视；当机组事故停机时，立即按下急停按钮，防止机组过速。

（4）在下列情况下，禁止将调速器切"电手动"或"机手动"控制：

①机组自动开机流程未完成。

②系统发生振荡或甩负荷试验时。

（5）紧急停机电磁阀动作后，必须复归后才能再次开机；冲击式机组在复归紧急停机电磁阀前，必须将折向器电磁阀复归至停机侧。

（6）调速器自动控制状态下，禁止直接操作电磁阀阀体来控制导叶（喷针或折向器）。

（7）机组运行中调速器的电气开限放在机组的额定出力位置，若由于系统振荡引起调速器运行不稳，可用电气开限限制导叶开度。

（8）正常情况下，调速器油压装置的油泵在"自动"位置。

3. 调速器运行的基本方式

调速器运行方式分为自动及手动两种，自动运行方式又可分为远方自动和现地自动，调速器控制方式为"远方""自动"，可在集控室上位机或机组 LCU 控制运行；现地自动是通信故障或上位机故障时，调速器控制方式切至"现地""自动"，仅能在触摸屏上进行控制操作。手动运行方式可分为机械手动、电气手动两种。

5.1.2.2　调速器的巡视检查

调速器每天至少巡视检查 1 次，遇特殊情况应增加巡视检查次数。

1. 调速器及其油压装置的巡视检查项目

（1）各表计信号灯指示正常，断路器位置指示正确，各电气元件无过热、异味、断线等异常现象，PLC 模块显示正常。

（2）调速器运行稳定，无异常抽动和振动现象。

（3）调速器柜内无渗漏，柜门完全关好。

（4）各端子引线良好，无脱落、断线、破损现象。

（5）调速器各管路、阀门、油位计无漏油、漏气现象，各阀门位置正确。

（6）调速器各杆件、传动机构工作正常，钢丝绳平直，无脱落、发卡、断股现象，调速器自复中工作正常，销子及紧固件无松动或脱落。

（7）伺服电机直线位移传感器调零杆、滑套、导套运动应灵活。

（8）机组在停机等待或并网稳定运行时，伺服电机不应频繁转动，且电机和驱动器温度正常。

（9）滤油器压力表与压油罐压力表差值应在规定的范围内，否则对滤油器进行切换并通知维护值班人员清洗。

（10）油压装置油压、油位正常，油色黄亮透明，油温在允许范围内（10~50 ℃）。

（11）油泵运转正常，无异常振动，无过热现象。

（12）油泵应至少有1台在"自动"，1台在"备用"。

（13）油泵安全阀开启/关闭压力整定值应正确，动作时无啸叫。

（14）自动补气装置应完好，失灵时应手动补气。

（15）漏油箱油位正常，油泵运行正常。

2. 调速器及油压装置巡视检查实例

下面是某水电厂依据《水轮机调节系统及装置运行与检修规程》（DL/T 792—2013）和该厂现场的《水轮发电机运行规程》，并结合该厂设备的具体情况制定的水轮机调速器及其油压装置标准化巡视卡（主要部分），见表5-1。

表5-1 调速器及油压装置标准化巡视卡（主要部分）

巡视步骤	巡视内容	巡视点及标准（或要求）	巡视危险点
1	调速器整体外观	调速器整体清洁完好； 调速器各阀门、管路无渗漏，集油槽供油阀、集油槽排油阀、油压装置供气阀均在全关位置	摔伤、碰伤
2	电调柜	导叶开度指示表计完好无损，指针无异常波动，指示正确，与机组LCU柜导叶开度仪上开度指示一致； 机组转速指示表计完好无损，指针无异常波动，指示值正确，与机组LCU柜电脑测速仪上指示一致； 触摸屏完好无损，且显示设备状态、各运行参数与实际情况一致； 手动/自动切换开关在自动位置； 导叶增/减开关在"0"位置； 按钮无损坏、松动等现象； 正常情况下，"自动运行"按钮指示灯、"停机复归"按钮指示灯亮，"紧急停机"按钮指示灯、"手动运行"按钮指示灯、"备用"按钮指示灯熄灭； 柜内清洁、完好，各模块、连线、继电器无过热、松动等现象； "交流电源开关""直流电源开关""步进电机电源开关"在合位； 端子排接线无烧焦、发黑变色、异味、松脱等异常现象	触电 误操作 摔伤、碰伤

续表 5-1

巡视步骤	巡视内容	巡视点及标准(或要求)	巡视危险点
3	机械柜	调速器步进电机和位移转换器动作灵活、平稳,无振动或抽动现象; 操作油压表指示正常; 紧急停机电磁阀状态正常,无发热现象; 主配压阀、转换阀(引导阀)无发卡、漏油现象; 紧急停机电磁阀指示灯熄灭,未动作; 各杠杆、传动机构正常,管路无渗漏油现象; 柜外"液动/手动"切换把手在"液动"位置	触电 误操作 摔伤、碰伤
4	压力油罐	压力油罐压力表计完好无损,指针无异常波动,指示值在1.80~2.30 MPa; 油色清亮透明,无混浊变色现象; 油位在油标上下限之间(油标指示器标线,以集油槽与压力油罐把合面向上量380 mm为零位线,压力在2.30 MPa时不高于+80 mm,压力在1.80 MPa时不低于−80 mm); 补气阀、排气阀、排油阀在全关位置; 各管路、管接头、压力变送器等无渗漏油和漏气现象	误操作 摔伤、碰伤
5	集油槽 (回油箱)	集油槽油色清亮透明,无混浊变色现象; 油位在油标上下限之间	摔伤、碰伤
6	压力变送器	压力变送器完好无异、接线无松动脱落,显示值在1.80~2.30 MPa,与电接点压力表显示值基本一致,能自动控制螺杆油泵的启动(1.80 MPa启动)或停止(2.30 MPa停止)	摔伤、碰伤
7	电接点压力表	电接点压力表(后备压力表)指示值在1.80~2.30 MPa,与压力变送器显示值基本一致; 电接点压力表(事故压力表)未动作(设定值:事故低油压1.55 MPa,油压过高2.40 MPa)	摔伤、碰伤
8	油泵电机	电动机引线及接地完好; 运转正常,无异常振动,无过热现象	衣服、头发被设备缠绕
9	油泵控制箱	控制面板电源指示灯亮; 压油泵控制把手在"自动"位置; 柜内开关在"ON"位置; 各元件无过热、异味、断线等异常现象	误操作 触电

5.1.2.3　调速器及油压装置的维护

运行中的维护主要是调速器用油及电气部分检查及维护,主要包括:

(1)调速器用油应每年更换或处理1次,新安装或大修后两个月内应更换或处理1~2次。滤油器应每周清扫一次。当滤油器前后压差超过0.2 MPa时,应立即进行切换清扫。

(2)工作油泵与备用油泵每周倒换1次,若无自动控制倒换装置,倒换应在油泵处于停止状态下进行,倒换后应监视新的工作油泵启、停情况。油泵停止时,应无反转现象。

(3)定期检测电气部分有关单元输出数据,并与厂内实验数据比较,借以判断其工作是否正常或隐含故障,以便及时发现并解决故障。

(4)定期检查1次事故停机电磁阀动作情况,防止因长期不用而动作失灵。

(5)除了调速器发生故障时需要进行处理或检修,为了预防故障发生和延长设备的寿命,还须定期进行计划性检查和维修。

(6)定期进行调速器自动、手动切换试验,并检查电磁阀动作情况及有关指示信号。

(7)定期对有关部位进行加油及对油质进行化验。

(8)定期对漏油泵进行手动启动试验。

(9)定期对自动补气阀组进行启动试验。

5.1.3　水轮机调速器的操作

5.1.3.1　调速器投运及停运

1.调速装置投运

(1)确认调速器电气柜内频率测量开关放"残压"侧。

(2)投入电气柜交流电源开关、直流电源开关。

(3)确认PLC工作正常。

(4)将调速器切"机手动"。

(5)启运工控机,确认调速器双套PLC参数返回整定值正确一致,修改双套PLC水头设定值和实际水头值,使一致。

(6)检查电气柜、机械柜各指示灯正确,无故障。

(7)全面检查无异常后,调速器切"自动"。

2.调速器停运

(1)调速器切"机手动"。

(2)关闭工控机。

(3)断开直流电源开关、交流电源开关。

(4)调速器PLC双机切换。

5.1.3.2　调速器运行方式切换

调速器一般有自动、电手动、机手动三种运行方式,其切换方法如下。

1."自动"切"电手动"操作

(1)确认调速器在"自动"控制方式。

(2)确认工控机显示机组状态与实际相符。

(3)按下"电手动"按钮。

(4)确认"自动"灯熄灭,"电手动"灯亮。

(5)工控机显示调速器为"开度控制"模式。

(6)监视调速器运行。

2."电手动"切"自动"操作

(1)确认调速器工作正常。

(2)确认电气开限和各参数给定值与实际状态相符合。

(3)按下"自动"按钮。

(4)确认"自动"灯亮,"电手动"灯熄灭。

(5)确认工控机显示机组状态与实际相符。

(6)确认调速器工作正常。

3."自动"切"机手动"操作

(1)确认调速器在"自动"控制方式。

(2)按下"机手动"按钮。

(3)确认"机手动"灯亮,"自动"灯熄灭,"电手动"灯熄灭。

(4)确认工控机显示调速器为"开度控制"或"功率控制"模式。

(5)将操作手柄倒下(不同类型的电液/电机转换装置,此处操作有所不同)。

(6)设专人监视调速器运行。

4."机手动"切"自动"操作

(1)确认调速器工作正常。

(2)确认电气开限和各给定值与实际状态相符合。

(3)按下"自动"按钮,确认调速器无异常动作。

(4)确认"自动"灯亮,"机手动"灯熄灭。

(5)确认工控机无异常。

"电手动"与"机手动"切换与"自动"与"机手动"切换相同。

5.1.3.3 调速器接力器检修措施及恢复

依据是否需将油压装置卸压排油,接力器的检修措施及恢复分成如下两种。

1.需将油压装置卸压排油时,调速器接力器的检修措施及恢复

1)接力器检修措施

(1)确认主阀关闭。

(2)打开蜗壳排水阀。

(3)调速器手动/自动把手切至"手动"。

(4)接力器锁锭电磁阀推至"拔出"侧。

(5)确认接力器锁锭拔出。

(6)关闭压力油罐向接力器供油的总阀。

(7)压油泵切换把手切至"切除"位置。

(8)压油泵电源刀闸拉开,确认在开位。

(9)取下压油泵各相熔断器。

(10)关闭压油泵出口阀。

(11)打开压油罐排风阀。

(12)确认压油罐压力为零。

(13)打开压油罐排油阀。

(14)确认压油罐油位为零。

(15)逐个打开接力器各排油阀,接力器排油。

注意:接力器排油阀打开时,一定要逐个打开,不要开得开度过大,并且要监视漏油系统工作是否正常,以免漏油槽跑油。

2)接力器检修措施恢复

(1)关闭接力器排油阀。

(2)接力器锁锭电磁阀切至"投入"侧,确认接力器锁锭投入。

(3)关闭压油槽排风阀。

(4)关闭压油槽排油阀。

(5)打开压油泵出口阀。

(6)将压油泵切换把手切"投入"位置。

(7)装上压油泵各相熔断器。

(8)合上压油泵电源刀闸,确认在合位。

(9)将压油泵切"手动"。

(10)监视、调整压油槽油压、油位。

(11)确认压油槽油位合格。

(12)确认压油槽压力合格。

(13)将压油泵切换把手切"投入"位置。

(14)打开压油罐向接力器供油的总阀。

(15)调速器手动/自动把手切至"自动"。

2. 无须将油压装置卸压排油时,调速器接力器的检修措施及恢复

1)接力器检修措施

(1)确认主阀关闭。

(2)打开蜗壳排水阀。

(3)将调速器"手动/自动"切换把手切至"手动"。

(4)接力器锁锭电磁阀切至"开锁"侧。

(5)确认接力器锁锭处于拔出位置。

(6)关闭压油罐向接力器供油的总阀。

(7)逐个打开接力器各排油阀(注意事项同上),接力器排油。

2)接力器检修措施恢复

(1)逐个关闭接力器各排油阀。

(2)打开压油罐向接力器供油的总阀。

(3)接力器锁锭电磁阀切至"投入"侧。

(4)确认接力器锁锭处于投入位置。

（5）将调速器"手动/自动"切换把手切至"自动"。

（6）关闭蜗壳排水阀。

3. 接力器大修恢复应具备的条件

（1）检修工作已结束，相关工作票已收回。

（2）检修安全措施已恢复，检修工作人员撤离现场，现场达到安全文明生产要求。

（3）检修质量符合有关规定要求，验收合格。

（4）检修人员对相关设备的检修、调试、更改情况已做好详细的书面交代，包括图纸资料。

（5）各部照明及事故照明电源完好。

（6）关闭尾水管进人孔、蜗壳进人孔和所有吊装孔。

（7）关闭蜗壳排水阀、钢管排水阀、尾水盘型阀，并检查关闭严密。

5.2　励磁系统运行与维护

5.2.1　励磁系统概述

5.2.1.1　励磁系统作用及分类

1. 作用

水电厂励磁系统是供给发电机励磁电流的电源及其附属设备的统称。主要作用是根据发电机负荷的变化相应地调节励磁电流，以维持机端电压在给定值；控制各并列运行发电机间无功功率分配；提高并列运行发电机的静态稳定性、暂态稳定性和动态稳定性；在发电机内部出现故障时，进行灭磁，以减小故障损失程度，保证电力系统运行设备的安全；根据运行要求对发电机实行最大励磁限制及最小励磁限制等。

2. 分类

发电机励磁系统的类型很多，励磁方式分类方法也很多，一般根据励磁电流供给方式不同分为他励和自励两种方式。

1）他励

他励即发电机设有专门的励磁电源，如直流或交流励磁机，目前水电厂已基本不采用此种方式励磁。

2）自励

自励即发电机的励磁电源取自发电机本身。采用连接在发电机机端的励磁变压器或电流互感器为发电机提供励磁电源。自励式励磁系统分为自并励励磁、自复励励磁和谐波励磁三种励磁方式，具体如下：

（1）自并励励磁方式：励磁功率取自发电机机端，由接于发电机机端的励磁变压器提供，经晶闸管（可控硅）整流后向发电机转子提供励磁电流。晶闸管元件 SCR 的控制角由自动励磁调节器控制，通过残压或加一个辅助电源起励。

（2）自复励励磁方式：除励磁变压器外，还设有串联在定子回路中的大功率电流互感器，具有两种起励电源，通过励磁变压器获得电压源，通过电流互感器获得电源流。

(3)谐波励磁方式:通常采用三次谐波励磁。在发电机定子槽中附加一组独立的三次谐波辅助绕组,从定子引出谐波交流电压,经整流装置整成直流后,再通过滑环和碳刷送入发电机励磁绕组。

目前,水电厂广泛应用的是自并励励磁方式。

5.2.1.2　励磁系统结构组成

发电机励磁装置主要由励磁调节单元、励磁功率单元、灭磁及保护装置三大部分组成。调磁调节单元也称励磁调节器,可根据发电机机端电压和定子电流的变化,自动调节励磁电流的大小。励磁功率单元通常称为励磁功率输出部分或励磁电源,为发电机转子绕组提供直流电,主要组成部件是励磁变压器、可控硅整流器等。灭磁及保护装置用于正常或事故停机时灭磁及过压/过流保护,主要由灭磁开关、线性/非线性电阻及阻容吸收器等组成。

下面以某大型水电厂的 EXC9000 自并励全数字式静态励磁系统为例,进行具体说明。整个励磁系统主要由励磁调节器、可控硅整流装置(功率柜)、励磁变压器、起励单元、灭磁及过压保护单元、外部测量单元和对外接口等组成。

1. 励磁调节器

励磁调节器为双微机三通道调节器,主要由 A/B/C 三个调节通道、模拟量总线板、开关量总线板、智能 I/O 板、通信模块、单片机系统板、人机界面、接口电路等组成,实现励磁系统的信号采集、数据处理、信号 I/O、故障检测、通信、励磁的控制调节等。主要功能有发电机端电压调节、励磁电流调节、恒无功/功率因数附加调节、励磁监测/保护功能等。三通道调节器采用微机/微机/模拟三通道双模冗余结构,A 和 B 通道调节器设有自动方式(恒机端电压调节 AVR)和手动方式(恒励磁电流调节 FCR),C 通道仅有手动方式。这三个通道从测量回路到脉冲输出回路完全独立。三通道以主从方式工作,正常方式为 A 通道运行,B 通道备用,B 通道及 C 通道自动跟踪 A 通道。可选择 B 通道或 C 通道作为备用通道,B 通道为首选备用通道。当 A 通道出现故障时,自动切换到备用通道运行。当 B 通道运行时,C 通道为备用通道,A 通道不作为备用通道;当 B 通道故障时,自动切换到 C 通道运行。C 通道总是自动跟踪当前运行通道。当 C 通道运行时,无备用通道。

2. 可控硅整流装置

可控硅整流装置采用三相全控桥式接线。整流桥并联支路数为 3,各支路串联元件数为 1。可控硅整流桥中并联支路数按($n+1$)原则考虑冗余,即一个桥故障时,能满足包括强励在内的所有功能,两个桥故障时能满足除强励外所有的运行方式。每个功率柜内安装有一套智能控制系统,包括智能检测单元、通信接口、传感器、LCD 显示器及相应的输入输出接口电路等;每个智能化功率柜的主要部件包括:6 个晶闸管组件(硅元件加散热器)、6 个带接点指示的快速熔断器、6 个高耐压值的脉冲变压器、集中阻断式阻容保护装置、2 台互为备用的风机、2 个风压节点(用于风机启停监测)、功率柜智能控制板、功率柜脉冲功放板、带触摸键的 LCD 显示器、3 个电流传感器和 2 个测温电阻(用于风温检测)。

3. 灭磁单元

灭磁单元的作用是将磁场回路断开并尽可能快地将磁场能量释放掉,主要由智能检测单元、通信接口、传感器、LCD 显示屏及相应的输入输出接口电路等组成。智能化灭磁开关柜配置的主要部件包括磁场断路器(双断口)、灭磁开关控制回路。智能化灭磁电阻柜的主要部件包括非线性灭磁电阻(SiC)、晶闸管跨接器、BOD 板、带触摸键的 LCD 显示器、灭磁柜智能控制板、直流变送器板和直流电压/电流变送器。

灭磁方式:正常灭磁采用逆变灭磁,事故停机时,用灭磁开关加高能容性非线性电阻灭磁。

4. 起励单元

起励单元采用两种起励方式:机组残压起励和外部辅助电源起励。起励装置具有手动、自动投切功能。起励的自动控制、报警由励磁调节器中的逻辑控制器完成。残压起励功能也可以通过调节柜人机界面上的功能按键进行投退。在 10 s 内残压起励失败时,励磁系统可以自动启动外部辅助电源起励回路。在机端电压达到额定电压的 10%时,起励回路将自动退出,立即开始软起励过程,将机端电压建立到预置的电压值。若残压起励和辅助起励均失败,即接受起励命令后 15 s 内建压不成功,则发起励失败信号。整个起励过程和顺序由调节器的主 CPU 程序控制,外部辅助电源起励回路为模块化结构,包括空气开关、起励接触器、导向二极管、限流电阻等。

5. 测量单元

外部的电压互感器、电流互感器测量单元:发电机端 2 路电压互感器,采用三相三线制输入,第一路电压互感器信号对应于 A 调节器电压反馈信号,第二路电压互感器信号对应于 B、C 调节器电压反馈信号。主要用于微机调节器 AVR 单元的反馈电压测量、FCR(励磁电流调节功能,也即手动)单元的过压限制输入信号及机组频率的检测。发电机端 2 路电流互感器,采用三相四线制输入,输入 A/B 微机调节器,用于测量发电机定子电流信号,和机端电压互感器配合后,可以计算发电机组的有功、无功功率,用于实现发电机组的过负荷限制。系统 1 路电压互感器,采用三相三线制输入,输入 A/B 微机调节器,用于测量电网电压信号,和机端电压互感器比较后,在调节器"系统电压跟踪"功能投入后,可以调节发电机组的机端电压,使发电机电压和系统电压尽可能保持一致,实现自动准同期并网时减小并网冲击。励磁变压器副边 1 路电流互感器,采用三相四线制输入,输入 A/B 微机调节器,用于测量发电机转子电流信号。先将交流量通过整流方式变为直流量,再将这个直流量送入 A/D 板进行采样。

5.2.2　励磁系统的巡视检查与维护

5.2.2.1　励磁系统运行的基本要求及规定

1. 励磁系统运行的基本要求

励磁系统投入运行前,应按规定进行试验,结果达到规定的指标后,还应重点核实以下规定的项目:

(1)工作电源、备用电源工作正常,信号正确。

(2)励磁调节器的参数检查及校验合格。

(3)励磁调节器开环特性符合设计要求,通道切换可靠。

(4)电压互感器、电流互感器测量回路正常。

（5）励磁系统的绝缘合格。

（6）励磁系统小电流开环试验、操作回路模拟试验、电气联动试验、带发电机空载负载运行等试验合格。

（7）灭磁开关在合闸状态且主触头接触良好,灭磁开关合闸、跳闸试验,动触头、静触头接触电阻试验等各参数符合标准。

（8）励磁系统各开关量、模拟量输入输出信号正确,数字显示应齐全清晰,没有报警信号和故障信息。

（9）励磁风机及控制回路正常。

（10）励磁系统切换到远方控制、自动运行模式。

2. 励磁系统运行基本方式

（1）励磁系统的正常运行方式应为:励磁调节器控制方式在"远方",A 通道运行,B 通道备用,C 通道辅助备用。

（2）励磁调节器在 AVR 模式下运行。

（3）功率柜内的脉冲开关在"分闸"位,灭磁开关在"合闸"位,励磁变压器交流进线开关在"合闸"位,阴极直流隔离开关在"合闸"位。

（4）转子绝缘监测柜内保护切换把手在"投机组转子接地保护"位,转子绝缘监测柜内"注入式转子接地保护"转子电压切换把手在"投入"位。

（5）正常方式下,励磁调节柜内过励保护压板 A 套 YB01、过励保护压板 B 套 YB02 应投入运行,保证在励磁系统故障时将故障信号送出至发电机保护 A/B 柜。

（6）励磁系统的异常运行方式:

①励磁调节器由 AVR 模式转为 FCR 模式运行。

②励磁调节器有一个调节通道退出运行。

③励磁风机有一路电源不能投入运行。

④励磁调节器有一路电源不能投入运行。

⑤任一限制、保护辅助功能退出运行。

⑥励磁调节器发生不能自恢复,但不会造成机组强迫停运的局部软、硬件故障。

⑦灭磁电阻损坏,但总数未超过 20%。

⑧冷却系统故障时,励磁系统限制负荷运行。

⑨励磁系统操作及信号电源消失。

（7）励磁系统异常运行方式处理原则:

①出现励磁系统异常运行方式时,运行人员应密切监视励磁系统的运行状况,并采取必要的应急措施,以防止故障范围扩大。

②调节器发生不能自恢复但不影响机组运行的局部软、硬件故障时,应向调度说明情况,申请停机进行处理。

③当励磁调节器转为 FCR 模式运行后,应及时向调度说明情况,申请停机进行处理。原则上励磁调节器不能在 FCR 模式下长期运行。

④在不影响发电机正常运行的情况下,并联运行的功率整流器可以退出故障部分继续运行,退出故障部分应及时处理。

⑤当励磁风机及励磁调节器有一路电源故障时,机组仍可正常运行,应及时检查并恢复故障电源的正常供电。

⑥在发电机运行限制曲线范围内,发生了限制无功功率或限制转子电流的运行,以及各种限制、保护辅助功能退出运行时,励磁系统不能长期运行,应密切监视并及时向电网调度说明情况,申请停机进行处理。

⑦当励磁变压器或励磁功率柜冷却系统故障时,励磁系统应根据设计要求限制负荷运行。

⑧正常情况下 PSS(电力系统静态稳定器)根据机组负荷自动投退,当其未自动投退时,应立即汇报值班调度员并通知检修人员处理。

3. 励磁系统运行的基本规定

1)调节通道运行规定

(1)三通道以主从方式工作,正常运行以 A 通道为主通道,B 通道为第一备用通道,C 通道为第二备用通道。当 A 通道出现故障时,自动切换到 B 通道运行;当 B 通道投入运行后出现故障,自动切换到 C 通道运行;C 通道运行时,不能自动切换至其他通道,无备用通道。

(2)C 通道是辅助运行方式,主要用于调试、试验或作为自动通道故障时的备用通道,不允许 C 通道长时间运行。当只有 C 通道正常时,应尽快联系维护人员进行消缺处理,其他通道恢复正常后,优先使用其他通道。

(3)"通道跟踪"功能必须投入,通道跟踪功能投入后,非运行通道总是跟踪运行通道。

(4)通道切换前,应检查"通道跟踪"功能投入,检查人机界面显示的当前运行通道和要切换的通道的控制信号基本一致。

(5)机组在正常运行时禁止手动切换通道。

(6)当发生通道自动切换时,应立即检查通道切换原因及监视励磁系统运行情况。故障排除后,机组停备状态时,应将运行通道人工切换回原运行通道,出现异常,应切回备用通道。

(7)自动切换备用通道的情况有:主用通道励磁调节器电源故障、主用通道脉冲故障、主用通道调节器故障、主用通道电压互感器故障。

2)调节器功能、压板、把手投退规定

(1)调节器功能投退在人机界面上操作。正常运行时,励磁调节器的"通道跟踪、网压跟踪、残压起励"功能应投入,"零起升压、恒 Q(无功)控制、恒 PF(功率因数)控制"及其他功能不投入。

(2)PSS 功能投退按电网调度命令执行,正常运行时在投入状态。

(3)调节器及其他励磁盘柜人机画面上的操作均无"确认"步骤,无操作时应保持屏幕显示在主画面上,唤醒屏保时应点击屏幕边缘,避免误操作。

(4)正常运行时,调节器"远方/现地"把手放"远方"位置,闭锁"现地增/减磁"按钮操作。

(5)调节器"整流/逆变"控制把手正常运行时,把手放"整流"位置。发电机在空载运行时,在励磁调节器面板切把手"逆变"位置,则进行现地逆变。

3)风机运行规定

(1)功率柜冷却方式为"强迫风冷",每个功率柜顶配有两台冷却风机,上为 A 风机,下为 B 风机,正常运行时 A 风机为主用,B 风机为备用,可通过液晶显示屏操作切换主备用方式。

(2)正常运行时,励磁系统检测到 10% 额定机端电压或本柜输出电流大于 100 A 时自动启动主用风机,低于 8% 额定机端电压且本柜输出电流小于 50 A 时停止所有风机运行。

(3)功率柜散热器温度超过 50 ℃时,报"功率柜故障"并启动备用风机。散热器温度低于 45 ℃时,故障复归并停止备用风机。

(4)功率柜散热器超过 50 ℃时,应调节无功降低励磁电流并到现场检查功率柜运行情况,当达到 55 ℃时,应退出本功率柜运行,并联系维护人员检查处理。

(5)单柜风机全停时,尽量降低励磁电流,应尽快消除故障。励磁系统额定励磁电流情况下运行不能超过 90 min。

(6)功率柜禁止无风机投入运行,当主风机出现故障时,比如风机断相、风压过低等,备用风机自动投入,同时切除主风机。当两台风机故障且功率柜检测风温大于 50 ℃时,功率柜封闭脉冲自动退柜。

(7)当主用风机出现断相、失电或风压不足等故障时,自动启动备用风机同时停止主用风机。

(8)手动启动风机在现场功率柜液晶屏操作。

(9)B 风机电源在机端电压达 90% 额定值以上,才能正常自动投入。

4)发电机转子回路绝缘测量规定

(1)机组处于停机或者无励空转状态。

(2)灭磁开关 QFG 在分闸位、阴极隔离刀闸在分闸位。

(3)励磁系统交流进线开关在分闸位。

(4)退出发电机转子一点接地保护功能压板。

(5)断开转子绝缘在线监测装置电源空气开关。

(6)用 500 V 摇表在灭磁开关下端靠转子侧测量转子回路绝缘。

(7)转子回路绝缘要求必须大于 0.5 MΩ。

(8)出口开关和灭磁开关分闸后,交流进线开关才能分闸。

(9)出口开关和灭磁开关分闸后,阴极隔离刀闸才能分闸。

5)其他运行规定

(1)当励磁系统进行影响机组运行和备用的操作或检修维护工作时,应得到电网值班调度员的许可后方可进行。

(2)手动方式是辅助运行方式,不允许长时间投入运行。

(3)现地起励通过操作调节柜人机界面"起励操作"画面下的"起励"触摸条执行,每次点击"起励"触摸条的接触时间不得低于 5 s。

(4)励磁系统正常停机,采用调节器自动逆变灭磁方式。事故停机时,通过跳灭磁开关投入非线性电阻灭磁,将励磁绕组的能量迅速消耗在非线性电阻上。

(5)励磁系统在运行过程中,整流柜可能产生超过 1 000 V 的电压和非常大的短路电流,不允许在运行时打开其柜门。

(6)机组带主变压器零起升压或假同期试验时,励磁调节器柜内并网信号开关应在"断开"位。

(7)励磁调节器有恒机端电压调节方式和恒励磁电流调节方式,两种方式相互跟踪,恒 Q(无功)/恒 PF(功率因数)调节是励磁系统的一项附加控制功能,一般不采用。

(8)励磁系统正常运行时,禁止将功率柜脉冲切除开关切"脉冲切除"位置。

(9)未经许可,运行人员禁止在人机界面上更改控制参数和功能设置。检查设备运行情况时,应注意勿点击人机界面功能投退按键以造成设置更改。

(10)机组在运行时,严禁对阳极开关和灭磁开关做任何操作。

(11)发电机空载运行时,运行人员若监测到机组"V/F 限制"动作,应进行减磁,直到"V/F 限制"信号消失;若减磁无效,可发停机令逆变灭磁或直接跳灭磁开关灭磁。

(12)发电机进相运行时,注意对机组定子线圈、定子铁芯温度、定子电流、机端电压及系统电压、400 V 厂用电的监视,机组进相运行时无功功率应在允许范围内。

(13)发生以下情况时,应加强监视励磁系统运行状态,必要时应联系调度采取应急措施保证安全运行,会造成设备损坏和影响电网正常运行时,应将机组退出运行:

①微机励磁调节系统发生软件、硬件故障时。

②调节通道异常。

③励磁调节系统有交、直流工作电源发生故障。

④一个功率柜退出运行。

⑤有过励限制、强励限制、欠励限制、V/F 限制、强励动作等辅助功能动作时。

⑥励磁系统风机故障或功率柜风温过高。

5.2.2.2 励磁系统的巡视检查

运行值班人员应每轮班对励磁系统巡视检查 1 次,遇特殊情况应增加巡视检查次数。

1. 励磁系统的巡视检查项目

(1)励磁系统各柜运行方式正常、信号显示正常、参数正常,无故障或者告警信息,柜内电源开关位置正确,熔断器完好,接线无过热、脱焊、松动、焦味等现象。

(2)交流侧进线刀闸接触良好,无过热现象。

(3)调节柜面板上"整流/逆变"切换开关在"整流"位置。

(4)功率柜风机运行正常,信号指示正确,各桥臂输出电流基本平衡,可控硅、快速熔断器无过热熔断故障。

(5)灭磁开关合闸位置正确,灭磁开关合闸良好,消弧罩完好,各辅助附件完好。

(6)灭磁电阻无过热、烧红、变色现象。

(7)励磁变压器无异常声音、无过热、无焦味现象。

(8)励磁变压器高、低压侧接头无过热、放电现象。

(9)励磁变压器 A、B、C 三相电压正常、温控显示正常,无跳变、白屏等异常情况。

(10)励磁变压器室冷风机运行正常,无漏水现象。

2. 励磁系统标准化巡视实例

下面是某水电厂依据该厂现场的《励磁系统运行规程》《励磁系统检修维护规程》，并结合该厂设备的具体情况制定的励磁系统标准化巡视卡(主要部分)，见表5-2。

表5-2　励磁系统标准化巡视卡(主要部分)

序号	检查项目	检查内容	标准	方法
1	励磁调节器柜	触摸屏	触摸屏显示正常、模拟量采集正确、各开关量显示正确，无报警信息	目视
2		A、B套同步变压器	无烧焦和异味	目视
3		励磁调节器电源	工作正常，无电源故障信号	目视
4		I/O板、CPU板、DSP板、开关量总线板、模拟量总线板	运行正常，无异常	目视
5		设备标示	设备标示清晰、完整	目视
6		设备清灰	干净、整洁	工具
7	功率柜	功率柜过滤网	过滤网通风通畅，无堵塞	目视
8		功率柜风机	运转正常，无异响	视听
9		触摸显示屏	显示正常，无死机、无乱码	目视
10		功率柜输出电流	输出电流无大幅摆动，三个柜输出电流平衡	目视
11				
12				
13		功率柜可控硅桥臂电流	桥臂电流显示正常，无大幅摆动、无桥臂断流	目视
14		功率柜快速熔断器	无熔断信号	目视
15		一次接线、二次接线及连接件	无发热、烧焦，无放电和异味	目视
16		风道出风口温度	不大于30 ℃	目视
17		柜门	运行中功率柜柜门严禁打开	
18		设备标示	设备标示清晰、完整	目视
19		设备清灰	干净、整洁	工具

续表 5-2

序号	检查项目	检查内容	标准	方法
20	灭磁电阻柜	触摸显示屏	显示正常、无死机、无乱码	目视
21		液晶显示转子电流、转子电压	显示正常	目视
22		液晶显示灭磁开关位置	分、合闸位置指示正确	目视
23		继电器	继电器无异常响声、线圈无发黑,触点无氧化、烧毛、发黑现象	目视
24		柜内端子、二次接线及一次连接件、电缆接头	无发热、烧焦现象	目视
25		快速熔断器	无熔断信号	目视
26		设备标示	设备标示清晰、完整	目视
27		设备清灰	干净、整洁	工具
28	励磁变压器	运行工况	变压器内部运行声音正常,无焦味	视听闻
29		接头、套管	变压器各接头紧固,无过热变色现象,导电部分无生锈、腐蚀现象,套管清洁	视听闻
30		线圈、铁芯	线圈及铁芯无局部过热和绝缘烧焦的气味,外部清洁,无破损、无裂纹	视听闻
31		电缆	电缆无破损,变压器本体无杂物	目视
32		线圈	线圈温度正常,变压器温控仪工作正常	目视
33		柜门	变压器前后柜门均应在关闭状态,如变压器温度高需要打开柜门,应设置临时围栏,悬挂"止步,高压危险"警示牌	目视
34		周围环境	变压器周围无漏水、积水现象,照明充足,消防器材齐全	目视

5.2.2.3 励磁系统的维护

运行中的维护主要是励磁系统测温、检查及维护,主要包括:

(1)励磁系统各液晶界面信号指示正确,信号显示与实际工况相符。

(2)励磁系统一次接线母排、铜排、电缆连接处的温度及各开关干净无积尘,触头、电缆无过热现象。

(3)调节器运行参数、设置参数正确,显示值与实际工况相符。

(4)功率柜滤网清扫及更换,励磁冷却系统的过滤网应干净,无积尘、无污痕,通风好,设备固定牢固,每半月更换 1 次。

5.2.3　励磁系统的操作

5.2.3.1　励磁系统投运及停运

1.励磁系统运行转检修

(1)确认发电机出口开关及隔离开关在分闸位置。

(2)拉开机组灭磁开关。

(3)拉开机组励磁进线柜隔离开关。

(4)拉开机组励磁调节柜励磁系统控制电源开关Ⅰ、Ⅱ。

(5)拉开机组励磁调节柜调节器 A 套、B 套电源开关。

(6)拉开机组灭磁电阻柜Ⅰ路、Ⅱ路交流电源开关。

(7)拉开机组灭磁电阻柜Ⅰ路、Ⅱ路直流电源开关。

(8)拉开机组灭磁电阻柜直流起励电源开关。

(9)拉开各励磁功率柜风机电源开关。

(10)拉开机组直流分电柜发电机起励电源开关。

(11)拉开机组直流分电柜励磁系统直流控制电源开关Ⅰ、Ⅱ。

2.励磁系统检修转运行

(1)检修工作已结束,工作票已收回,检修交代设备具备运行条件。

(2)拆除励磁回路接地线。

(3)合上机组直流分电柜励磁系统直流控制电源开关Ⅰ、Ⅱ。

(4)合上机组直流分电柜发电机起励电源开关。

(5)合上机组励磁进线柜隔离开关。

(6)合上机组灭磁电阻柜Ⅰ路、Ⅱ路直流电源开关。

(7)合上机组灭磁电阻柜直流起励电源开关。

(8)合上 400 V 机组自用电励磁风机交流电源开关。

(9)合上机组灭磁电阻柜Ⅰ路、Ⅱ路交流电源开关。

(10)合上机组励磁调节柜励磁系统控制电源开关。

(11)合上机组励磁调节柜调节器 A 套、B 套电源开关。

(12)合上各励磁功率柜风机电源开关。

(13)确认机组励磁功率柜内脉冲切除开关在分闸位置。

(14)合上机组灭磁开关。

(15)确认机组励磁调节柜"整流/逆变"切换开关在"整流"位置。

(16)确认励磁调节柜各通道运行指示正常。

(17)确认励磁系统各屏柜显示正常。

5.2.3.2　励磁系统其他操作

1.励磁系统运行方式切换

(1)人工切换运行通道时,应确认"通道跟踪"功能已投入,当前运行通道和要切换的通道的控制信号基本一致,切换才不会引起波动。

(2)A 通道运行时,按"B 通道运行/备用"按钮,可选 B 通道作为备用通道;按"C 通道运行/备用"按钮,可选 C 通道作为备用通道。按"B/C 通道运行"按钮,可切换到备用通道运行。

(3)B 通道运行时,默认 C 通道为备用通道,按"C 通道运行/备用"按钮,可切换到 C 通道运行。

(4)C 通道运行时,无备用通道,按"B 通道运行/备用"按钮,可切换到 B 通道运行,C 通道自动作为备用通道。

(5)B 通道运行或 C 通道运行时,按"A 通道运行"按钮,可切换到 A 通道运行,原运行通道 B 通道或 C 通道自动作为备用通道。

2. 零起升压操作

(1)确认发电机在空转状态,运行正常。

(2)确认励磁系统正常。

(3)确认相关保护按规定投入正常。

(4)确认直流起励电源开关投入正常。

(5)合上灭磁开关。

(6)确认励磁调节方式为"恒机端电压"。

(7)退出"系统电压跟踪"功能。

(8)投入"零起升压"功能。

(9)确认"A(B)套 Ugd"为 10%。

(10)在"起励操作"画面下按 "起励"触摸条(保持 5 s)。

(11)监视发电机起励正常。

(12)确认励磁电流正常,定子三相电压平衡、三相电压正常。

(13)确认励磁功率柜风机工作正常。

(14)按"增磁"按钮递升加压至额定电压。

(15)确认励磁电流正常,定子三相电压平衡、三相电压正常。

(16)确认发电机、励磁系统、相关保护工作正常。

(17)投入"系统电压跟踪"功能。

(18)退出"零起升压"功能。

(19)确认"A(B)套 Ugd"为 100%。

3. PSS 投退操作

(1)在调节柜显示屏的"运行方式设置"画面选择 PSS 操作按钮,弹出一个密码输入对话框。

(2)在密码对话框里输入密码后,点击 ENT 键。如果密码正确,则进入 PSS 投退操作画面。

(3)在操作画面中点击"PSS 投入"/"PSS 退出"按钮,则 PSS 功能投入/退出。

(4)调节柜人机界面运行工况框显示"PSS ON"("PSS OFF")。

5.3　同期装置运行与维护

5.3.1　同期装置概述

5.3.1.1　同期装置作用及分类

1. 作用

在电力系统中,同步发电机并列运行时,所有发电机转子都是以相同的角速度旋转,转子间的相对位移角也在允许的极限范围内,这时发电机的运行状态称为同步运行。发电机在投入电力系统运行之前,与系统中的其他发电机是不同步的。把发电机投入到电力系统并列运行,需要进行一系列的操作,这种操作称为并列操作或同期操作。用于完成并列操作的装置称为同期装置。同期并列是水电厂一项重要且需经常进行的操作。

水电厂同期一般是指准同期,即调节发电机电压和频率,使发电机与系统的电压差、频差、相角差均在允许范围内时进行同期并列的方式。同期装置是用来判断断路器两侧是否达到同期条件,从而决定能否执行合闸并网的专用装置,它是在电力系统运行过程中执行并网时使用的指示、监视、控制装置,可以检测并网点两侧的频率、电压幅值、电压相位是否达到条件,以辅助手动并网或实现自动并网。

随着电力工业的快速发展,单台大容量机组技术日趋成熟,大容量发电机组在并入电网运行时,若是并列不当,不但会影响机组本身设备的安全,还会对电网造成冲击,甚至可能直接造成设备损坏或者电网崩溃。

2. 分类

发电机与系统并列的方式有两种,即自同期并列和准同期并列。

1) 自同期并列

当系统发生事故时,系统的电压和频率会降低,并不断发生变化,使准同期方式很难尽快捕捉到同期点,从而影响机组的并网速度,因此便出现了自同期的并列方式。

(1) 自同期是将未加励磁而转速接近同步转速的发电机投入系统,并立即(或经一定时间)加上励磁。这样,发电机在很短的时间内被自动拉入同步。自同期并列的这一优点,为电力系统发生事故而出现低频低压时启动备用机组创造了良好条件,这对于防止系统瓦解和事故扩大,以及尽快恢复电力系统的正常工作,起到了重要作用。

(2) 用自同期方式投入发电机时,由于未励磁发电机相当于异步电动机,因此将伴随着出现短时间的电流冲击,并由于无功功率进相而使系统电压下降。冲击电流的电动力可能对定子绕组绝缘和定子绕组端部产生不良影响,冲击电磁力矩也将使机组大轴产生扭矩,并引起振动。

(3) 经常使用自同期方式并列,冲击电流产生的电动力可能对发电机的定子绕组绝缘和端部产生积累性变形和损坏。由于现在电网整体稳定性较高,且该方式对系统冲击很大,所以已极少采用,目前主要的并网方式是准同期并列。

2）准同期并列

准同期分为自动准同期和手动准同期两种。

（1）自动准同期指由同期装置自动进行发电机的频率调整、电压调整，捕捉到同期点后自动合闸，以平稳的方式将发电机并入电网，减小对电网和发电机本身的冲击。在并网过程中，电压差会导致无功性质的冲击，频率差会导致有功性质的冲击，相位差则会同时包含有功和无功性质的冲击。因此，掌握准确的并网时间和并网条件尤为重要。目前，水电厂机组并网均采用自动准同期方式。

（2）手动准同期指发电机的频率调整、电压调整、并列合闸操作由运行人员手动进行，只是在控制回路中装设了非同期合闸的闭锁装置，现已极少采用或仅作为备用，只在自动准同期装置发生故障、检修或者是机组未安装自动准同期装置时使用。

5.3.1.2 同期装置结构组成

同期装置主要包括微机同期装置、同步表、同步检查继电器、中间继电器（含投电压互感器继电器、启动同期继电器、增/减速继电器、增/减压继电器、选点继电器、合闸出口继电器等）、同期点选择开关、合闸开关、同期方式选择开关、增/减压开关、增/减速开关等。常用的自动同期装置一般有单点同期装置和多点同期装置，其区别只是并列点的多少，工作原理相同。

下面以国立 SID-2FY 智能复用型同期装置为例分析同期装置的结构组成。

SID-2FY 智能复用型同期装置采用整面板形式，面板上设有液晶显示器、信号指示灯、同步表指示灯、操作键盘、USB 通信接口等。装置机箱采用加强型单元机箱，按抗强振动、强干扰设计，确保装置安装于条件恶劣的现场时，仍具备高可靠性。不论是组屏，还是分散安装，均不需加设交、直流输入抗干扰模块。

装置主要由电源插件、CPU 插件、信号插件、人机接口插件、测试插件等组成。

1. 电源插件

由电源模块将外部提供的交、直流电源转换为装置工作所需的各类直流电压。模块输出+5 V、±12 V 和+24 V，+5 V 电压用于装置数字电路，±12 V 电压用于 A/D 采样，+24 V 电压用于驱动继电器及装置内部数字量输入信号的光耦电路。

2. CPU 插件

CPU 插件由主控 CPU、SDRAM、Flash Memory、A/D 采样芯片等构成。主控 CPU 为高速 RISC MPU，主频达 200 MHz，支持 DSP 运算指令集。采用 24 路高精度、高速同步采样技术，确保装置响应速度。所有集成电路全部采用工业级，使得装置有很高的稳定性和可靠性。

3. 信号插件

信号插件选线器接口板用来与选线器装置进行连接。同期控制板提供同期控制输出信号、系统侧和待并侧的电压输入接口。信号开入板最多可采集 16 路强电开入信号，信号开出板用来提供 14 路空接点告警信号输出。备用开出板提供 9 路空接点信号输出，可根据实际需求进行输出配置。

4.人机接口插件

人机接口插件主要指前面板,前面板提供由 9 个按键、36 个高亮度 LED 发光管构成的同步表,10 个信号灯,一块 320×240(点阵数)液晶屏(方便人机交互),同时提供一个串口,供厂家测试及软件升级专用。

5.测试插件

测试插件由测试电源板和测试系统板组成,提供测试需要的电压信号和自动检测装置的主要功能。

5.3.2　同期装置的巡视检查与维护

5.3.2.1　同期装置运行的基本要求及规定

1.同期装置运行的基本要求

同期装置投入运行前,应按规定进行试验,结果达到所规定的指标后,还应重点核实以下规定的项目:

(1)工作电源、备用电源工作正常,信号正确。

(2)确认装置的整定值与定值通知单相符,试验数据、试验结论完整正确。

(3)同期装置及二次回路无异常。

(4)同期装置投运前,若改变过二次接线或修改定值、程序,必须进行模拟试验、联动试验,正确后,装置方可投入运行。

(5)确认在试验时使用的试验设备、仪表及一切连接线均已拆除,所有被拆动的或临时接入的连接线应全部恢复正常,所有信号装置应全部复归。

(6)各出口继电器、压板状态正常。

2.同期装置运行基本方式

(1)同期装置在正常运行时处于休眠状态,接到同期命令后同期装置自动上电自检,进行同期条件检查。

(2)同期方式以机组出口开关自动准同期方式作为主要同期方式,当机组出口开关自动准同期出现故障时,可根据现场实际情况,按调度指令采取零起升压通过主变压器高压侧开关或采用开关站 GIS 断路器同期并网。

(3)正常运行时,同期方式控制以计算机监控系统上位机为主要控制方式。机组监控 LCU 控制把手切换至"远方"控制,同期方式控制切换把手切换至"同期"位置,"测试/工作"方式控制切换把手切换至"工作"位置。

(4)机组同期装置合闸出口压板、加速出口压板、减速出口压板、升压出口压板、降压出口压板均应投入。

(5)同期装置工作流程:

①装置进入同期工作状态后,首先进行装置自检,如果自检不通过,装置报警并进入闭锁状态。

②自检通过后装置对输入量进行检查,如果输入量或电压互感器电压不满足条件,装

置报警并进入闭锁状态。

③如果输入量正常,装置输出"就绪"信号,此时如果"启动同期工作"信号有效,装置输出"开始同期"信号,并判定同期模式,可能的同期模式有单侧无压合闸、双侧无压合闸、同频并网、差频并网。确定同期模式后,进入同期过程。

④在同期过程中,如果出现异常情况(如非无压合闸并网,系统侧或待并侧无压,同期超时等),装置报警并进入闭锁状态;当符合同期合闸条件时,装置发出合闸令,完成同期操作。

⑤在发电机同期时,如果频差或压差超过整定值,且允许调频调压,装置发出调频或调压控制命令,以快速满足同期条件。

⑥完成同期操作后装置进入闭锁状态。

3. 同期装置运行的基本规定

(1)机组同期合闸不成功时,必须上位机复归投电压互感器令,使同期装置掉电,复归合闸令。

(2)机组出口开关无压合闸时,必须是双侧无压,即发电机机端无压与主变压器低压侧无压。

(3)机组出口开关与线路开关同期失败后,原因未查清前不能再次合闸。

(4)同期装置进行了检修、修改定值,同期回路上进行了装拆线等可能引起非同期合闸的工作后,必须进行真、假同期试验。

(5)进行手动准同期并列时,为防止非同期并列,必须由运行人员进行操作且有人监护,并在投入同期开关前,确认其他同期点的同期开关在断开位置。

(6)同期装置出现异常告警、故障时,不得进行同期操作,并立即通知维护人员进行处理。

5.3.2.2　同期装置的巡视检查

运行值班人员应每轮班对同期装置巡视检查1次,遇特殊情况应增加巡视检查次数。

1. 同期装置的巡视检查项目

(1)机组监控 LCU 控制把手在"远方"位置,同期方式控制切换把手在"同期"位置,"测试/工作"方式控制切换把手在"工作"位置。

(2)各出口继电器、压板状态正常。

(3)装置电源投入正常。

(4)同步表、同步检查继电器指示正确。

(5)设备标识清晰、准确。

2. 同期装置标准化巡视实例

下面是某水电厂依据该厂现场的《同期装置运行规程》《同期装置检修维护规程》,并结合该厂设备的具体情况制定的同期装置标准化巡视卡(主要部分),见表5-3。

表 5-3　同期装置标准化巡视卡（主要部分）

序号	检查内容	标准	方法
1	控制开关工作位置	同期装置"方式选择"开关在"工作"位置,盘柜面板"调速""调压""手动合"开关在切位,"手准/自准"开关在"自准"位置	目视
2	同步表	同步表完好、无裂痕,玻璃无损坏,电压、频率指示在中间"0"位	目视
3	同步检查继电器	继电器外壳完好、无裂痕、无损坏,接点位置正确,无抖动、烧毛、拉弧现象	目视
4	设备标示	设备标示清晰、完整	目视
5	供电电源	装置电源投入正常	目视
6	继电器	外壳完整,无裂纹,接点位置正确并符合设备正常的运行状态,无抖动、烧毛、拉弧现象	目视
7	压板	投入状态与实际运行方式要求一致,接触良好,标识清楚完好	目视

5.3.2.3　同期装置的维护

运行中的维护主要是同期装置的启动情况、控制回路状态等方面的检查,主要包括:

(1)检查计算机监控系统上位机简报及历史记录,查看同期装置在机组开机并网时的工作情况,包括合闸时间,调压、调速的情况记录,确保及时可靠。

(2)现场确认调压、调速、合闸等继电器运行正常。

(3)出口压板状态与技术定值单一致。

(4)电压、频率等信号输入回路正确。

(5)整套装置外观检查无异常。

5.3.3　同期装置的操作

5.3.3.1　机组同期装置操作

1.机组监控系统上位机自动准同期并网

(1)确认机组现地 LCU 柜"现地/远方"控制把手在"远方"位置。

(2)确认机组同期装置合闸出口压板、加速出口压板、减速出口压板、升压出口压板、降压出口压板在"投入"位置。

(3)确认机组同期装置同期方式控制把手在"同期"位置。

(4)确认机组同期装置"测试/工作"方式控制切换把手在"工作"位置。

(5)上位机监控画面上发机组并网令启动机组并网流程,发电机自动准同期并网。

2.机组同期装置手动准同期并网

(1)同期控制方式切至"手准"(手动准同期)。

(2)通过"调速""调压"把手调整机组频率、电压与系统接近,误差在允许范围内。

(3)监视同步表指针匀速、缓慢接近同期点。

(4)手动将机组出口断路器操作把手切至"合闸"位置。

(5)确认断路器"合闸"红灯亮。

3. 机组监控系统上位机无压合闸

(1)确认机组现地 LCU 柜"现地/远方"控制把手在"远方"位置。

(2)确认机组同期装置合闸出口压板在"投入"位置。

(3)确认机组同期装置同期方式控制把手在"双侧无压"位置。

(4)确认机组同期装置"测试/工作"方式控制切换把手在"工作"位置。

(5)上位机监控画面上发机组出口开关"无压合闸"令,上位机即启动发电机双侧无压合闸流程,合上发电机出口开关。

5.3.3.2　开关站同期装置操作

1. 现地 LCU 操作开关自动准同期

(1)将开关站现地 LCU A1 柜"现地/远方"切换开关切换至"现地"控制。

(2)在现地 LCU 触摸屏主画面中,点击相应断路器,选择"同期合闸"后确认指令。

2. 上位机操作开关自动准同期

(1)将开关站监控 LCU 控制柜"现地/远方"切换开关切至"远方"。

(2)在监控系统上位机监控画面上点击相应断路器,选择相应的同期方式后"确认",启动流程,上位机操作成功。

5.4　继电保护装置运行与维护

5.4.1　继电保护装置概述

5.4.1.1　继电保护装置作用及分类

1. 作用

水电厂继电保护装置是对发电、变电、配电等整个电力系统中发生的故障或异常情况进行检测,然后发出报警信号,直接将故障部分隔离并且切除的一种重要装置。

(1)当被保护的电力系统元件(如发电机、变压器、线路等)发生故障时,由该元件的继电保护自动、迅速、准确、有选择性地给离故障元件最近的断路器发出跳闸命令,使故障元件及时从电力系统中断开,最大限度地减少对电力系统元件本身的损坏,降低对电力系统安全供电的影响,保证其他无故障部分迅速恢复正常运行。

(2)反映电气设备的不正常运行状态,并根据不正常工作情况和设备运行维护条件的不同发出信号,提示值班员迅速采取措施,使之尽快恢复正常,或由装置自动地进行调整,将那些继续运行会引起事故的电气设备予以切除。反映不正常工作情况的继电保护此时一般不要求迅速动作,而是根据对电力系统及其元件的危害程度规定一定的延时,以免短暂的运行波动造成不必要的动作和干扰,从而引起误动。

(3)继电保护还可以与电力系统中的其他自动化装置配合,实现电力系统的自动化和远程操作,在条件允许时,采取预定措施,缩短事故停电时间,尽快恢复供电,从而提高电力系统运行的可靠性。

(4)继电保护具备可靠性、选择性、灵敏性和速动性的要求,这四性之间紧密联系,既矛盾又统一。

2. 分类

继电保护是随着电力系统的发展而发展起来的。20 世纪初,随着电力系统的发展,继电器开始广泛应用于电力系统的保护,这个时期是继电保护技术发展的开端,最早的继电保护装置是熔断器。从 20 世纪 50 年代到 90 年代末,在 40 余年的时间里,继电保护完成了发展的 4 个阶段,即从电磁式保护装置到晶体管式继电保护、到集成电路继电保护、再到微机继电保护。随着电子技术、计算机技术、通信技术的飞速发展,人工智能技术如人工神经网络、遗传算法、进化模型、模糊逻辑等相继在继电保护领域得到研究应用,继电保护技术向计算机化、网络化、一体化、智能化方向发展。

(1)按被保护对象分类,有输电线保护和主设备保护(如发电机、变压器、母线、电抗器、电容器等保护)。

(2)按保护功能分类,有短路故障保护和异常运行保护。前者又可分为主保护、后备保护和辅助保护;后者又可分为过负荷保护、失磁保护、失步保护、低频保护、非全相运行保护等。

(3)按保护装置进行比较和运算处理的信号量分类,有模拟式保护和数字式保护。一切机电型、整流型、晶体管型和集成电路型(运算放大器)保护装置,它们直接反映输入信号的连续模拟量,均属模拟式保护;采用微处理机和微型计算机的保护装置,它们反映的是将模拟量经采样和模/数转换后的离散数字量,这是数字式保护。

(4)按保护动作原理分类,有过电流保护、低电压保护、过电压保护、功率方向保护、距离保护、差动保护、纵联保护、瓦斯保护等。

5.4.1.2　继电保护装置结构组成

水电厂继电保护装置由测量比较元件、逻辑判断元件和执行输出元件三部分组成。

1. 测量比较元件

测量比较元件是测量被保护的电气元件的物理参量,并与给定值进行比较,根据比较的结果,给出"是""非"性质的一组逻辑信号,从而判断保护装置是否应该启动。测量部分主要包括电压互感器、电流互感器、温度及瓦斯继电器、主要设备的状态量信号、输入回路等。

2. 逻辑判断元件

逻辑判断元件使保护装置按一定的逻辑关系判定故障的类型和范围,最后确定是应该使断路器跳闸、发出信号或是否动作、是否延时等,并将对应的指令传给执行输出元件。主要由继电保护装置本体内部程序(包括逻辑选择和定值设定)完成。

3. 执行输出元件

执行输出元件根据逻辑传过来的指令,最后完成保护装置所承担的任务。例如,在故障时动作于跳闸,不正常运行时发出信号,而在正常运行时不动作等。主要包括继电保护装置本体输出回路、功能压板、出口压板、继电器等。

4. 实例分析

下面以某大型水电厂为例,具体说明继电保护在水电厂的总体配置分布情况。

(1)该水电厂保护主要包括发电机保护(含励磁变保护)、变压器保护(含高厂变保护)、发变组非电量保护、发电机转子接地保护、500 kV 电缆保护、短引线保护、断路器保护、500 kV 母线保护、500 kV 线路保护及厂用电保护。

(2)每台机组配置 2 套四方 CSC-300F 发电机保护和 2 套(四方 CSC-306GZ 注入式和四方 CSN-3 乒乓式)转子接地保护。

(3)每台变压器配置 2 套四方 CSC-316M 电量保护和 1 套四方 CSC-336C1 非电量保护。

(4)由于主变至开关站距离较远,高压电缆敷设较长,因此配置了 2 套四方 CSC-103A-G 高压电缆保护,每套保护有两面屏,分别为:主变高压侧电缆保护主变侧和主变高压侧电缆保护 GIS 侧,两面屏通过光纤通信,构成了纵联差动保护。

(5)主接线采用了 4/3 和 3/2 接线形式,当两个开关之间所连接元件(线路或变压器)退出或检修后,为了保证供电的可靠性,分别在每一串 T 区配置短引线保护:第一串配置了 4 套四方 CSC-123A-G 短引线保护,第二串配置了 6 套四方 CSC-123A-G 短引线保护,第三串配置了 4 套四方 CSC-123A-G 短引线保护。

(6)500 kV Ⅰ母、Ⅱ母分别配置 2 套母线保护:A 套为南瑞继保 PCS-915C-G,B 套为四方 CSC-150C-G 的差动保护。

(7)设置两条出线,一线和二线配置两套线路保护,分别为:A 套为南瑞继保 PCS-931A-G-Y,B 套为南瑞科技 NSR-303A-G。保护通过 2 兆双光纤通道与线路对侧康定变电站通信。

(8)开关站配置 10 台断路器,每台断路器配置 1 套四方 CSC-121A-G 保护及其操作箱。

(9)10 kV 由 6 段母线组成,共配置 45 套四方 CSC-241C 综保装置,Ⅰ、Ⅱ、Ⅲ、Ⅳ段母线共装设 33 套综保装置,分别安装在每个负荷开关柜及母联开关柜处;Ⅴ、Ⅵ段设 12 套综保装置,分别装设在负荷开关柜、母联开关柜、开关站柴油发电机开关柜、开关站外来电源开关柜处。

5.4.2　继电保护的巡视检查与维护

5.4.2.1　继电保护运行的基本要求及规定

1. 继电保护运行的基本要求

继电保护投入运行前,应按规定进行试验,结果达到所规定的指标后,还应重点核实以下规定的项目:

(1)确认继电保护装置及二次回路无异常。

(2)确认在试验时使用的试验设备、仪表及一切连接线均已拆除,所有被拆动的或临时接入的连接线应全部恢复正常,所有信号装置全部复归。

(3)清除试验过程中微机装置及故障录波器产生的故障报告、告警记录等所有报告。

(4)检查继电保护工作记录,将主要检验项目和传动步骤、整组试验结果及结论、定值通知单执行情况详细记载于内,对变动部分及设备缺陷、运行注意事项应加以说明,并修改运行人员所保存的有关图纸资料。

(5)运行人员在将装置投入前,必须根据信号灯指示及用高内阻电压表以一端对地测端子电压的方法,检查并证实被检验的继电保护装置确实未给出跳闸或合闸脉冲,才允许将装置的连片接到投入的位置。

(6)确认装置的整定值与定值通知单相符,试验数据、试验结论完整正确。

(7)保护压板投退状态与运行规程和保护定值单要求相符,标识清晰,功能压板和出口压板要有明显的颜色标识区分。

(8)装置投入运行前,使用 1 000 V 摇表测量绝缘电阻应符合下列规定:交流二次回路不得低于 10 MΩ,全部直流回路不得低于 10 MΩ。

(9)检修后的变压器(包括附属设备),如进行过排油、充油、排气等工作,充电时应将重瓦斯保护投"跳闸"位置,充电结束主变带电正常后,立即将其重瓦斯改投"信号"位置,运行 24 h 后,应先打开瓦斯继电器排气阀排气,无气体排出后方可投至"跳闸"位置。

(10)新安装或改进后的继电保护及回路投运前,保护专业人员应向值班运行人员进行详细书面交代和交付技术图纸资料,值班运行人员在收到技术图纸资料和接到设备管理部下达的保护投入通知单后,经值班调度员同意后,才允许将保护投入运行。

(11)省调管辖的保护装置在变更(包括运行方式、定值整定等)后投运前,当班值长必须和值班调度员核对无误后,方可投入运行。

(12)继电保护装置若在投运前改变过二次接线或修改定值、程序,必须进行模拟试验或保护联动试验,正确后,保护装置方可投入运行。

2.继电保护运行基本方式

(1)正常运行时,两套保护均应投入运行,不允许无主保护运行。发电机保护投入与退出需经调度同意,当班值长批准。

(2)保护功能及出口压板投退状态已按照保护定值单要求执行。

(3)注入式转子接地保护和乒乓式转子接地保护,任何时候只能有 1 套投入,一般投注入式转子接地保护。

(4)正常运行时,变压器重瓦斯保护装置应投"跳闸"位置,轻瓦斯保护装置应投"信号"位置。

(5)一次设备停电,继电保护装置、安全自动装置可不退出运行,但一次设备停电检修时,继电保护装置、安全自动装置应退出运行。

(6)开关保护退出运行时,原则上应将开关停运,开关保护因更改定值退出运行,超过 1 h 时,该开关应停运。

(7)所有保护的运行方式由调度下发指令操作,现场人员无权擅自更改。

3.继电保护运行的基本规定

1)继电保护装置投退规定

(1)运行中的保护装置需要断电源时,应先退出保护压板,再断电源;恢复保护装置运行时,顺序相反。

(2)操作保护压板时,应防止保护压板与相邻压板或盘面相碰,引起保护误动或直流接地。

(3)继电保护退出运行时,先退出出口压板,再退出功能压板;投入运行时,先投入功能压板,再投入出口压板。

(4)保护装置有多种保护功能共用出口压板时,需要退出其中某种保护功能时,可只退出其功能压板。

(5)投入功能压板时,必须按要求测量保护功能压板两端口间电压。正常情况下,保护功能压板两端口间应有电压,若测量无电压,及时联系保护人员进行检查处理。

(6)投入功能压板时,要监视保护装置液晶显示画面有对应的开关量变位报文(投入功能压板前,先把保护装置液晶显示画面切换到主画面)。若无对应的开关量变位报文或保护装置有不能复归的故障报警信号,及时联系保护人员进行检查处理。

(7)投入出口压板时,必须根据信号灯指示或用高内阻电压表(直流电压挡)以一端对地测量电压的方法,检查并证实继电保护装置确实未给出跳闸或合闸脉冲,才允许将出口压板投入。正常情况下,出口压板一端有电压,另一端没有电压。若测量发现出口压板两端均有电压,及时联系保护人员进行检查处理,确认正确后才能投入出口压板。

(8)测量保护压板端口电压应在保护装置及其控制二次回路电源已恢复的状态下进行。

(9)下列情况应将相应保护退出:在保护二次回路上进行工作、在保护装置内部进行工作、分合继电保护装置的直流电源、对保护定值进行修改、软件升级等。

(10)保护装置设有保护软压板和硬压板功能,软压板(控制字)和保护屏上硬压板为逻辑"与"的关系,需要投入该保护时,运行人员应先检查软压板为"1",再通过硬压板来投退保护。

2)继电保护定值规定

(1)保护定值整定单由主管生产的副总经理或总工程师批准。

(2)运行人员不得修改保护定值。

(3)保护装置应依据定值单整定,并经值班负责人同意后启用。

(4)保护装置执行新定值单前,运行值班人员应与保护专业维护人员核对定值单编号。

(5)在保护装置修改定值前,必须由运行人员停运该保护。

(6)定值修改由检修人员进行,待定值修改完毕,应打印修改后定值单,检查装置无异常后,检修人员应向运行值班人员进行详细的交代,并将定值单留存中控室一份。

3)变压器保护运行规定

关于变压器继电保护运行,有几点规定要特别说明,具体如下:

(1)主变重瓦斯保护出口由跳闸改投"信号"位置时,必须经主管生产的副总经理或总工程师批准。

(2)重瓦斯保护在"跳闸"位置运行中,如变压器及其附属设备要进行检修作业(如滤油、补油、更换油泵等工作),有可能造成进气或使油快速流动时,应先将其重瓦斯改投"信号",此时其他保护装置仍应投"跳闸"。工作结束后运行 24 h,再无气体产生,方可将重瓦斯保护投"跳闸"位置。

(3)当油枕油面异常升高或呼吸系统有异常现象,需要打开排气阀或放油阀门时,应先将重瓦斯保护改投"信号"位置。

(4)瓦斯继电器具有"挡板保持动作位置"功能,当存在超过允许值绝缘液流速时,挡板产生反应动作,并锁定在这一位置上,即使后来流速变小,挡板仍保持在反应动作位置,触发信号也将一直保持。只有在生产副总经理同意或总工程师同意后,方可用手动方式进行解锁(逆时针方向旋转测试按钮),在挡板解锁的同时,应再次检查瓦斯继电器内绝缘油液面高度,如果需要,瓦斯继电器应进行排气。

4)继电保护运行异常处理规定

(1)当继电保护装置发生异常报警时,运行值班人员应现场检查核实并做好记录,复归信号应征得当班值长同意,必要时应保留信号待保护专业人员检查确认后复归。在未得到值长和保护专业人员同意前,不得对装置断电重启;如该信号不能复归,根据调令退出相应保护。

(2)继电保护动作后,运行值班人员应立即向值班调度员汇报装置基本动作情况,做好记录,同时还应收集整理装置动作报告、故障录波图,装置动作信号记录完毕并征得值长同意后方可复归。

(3)保护出现通道故障时,应通知有关人员及时进行处理。按情况申请退出该设备保护的故障通道或保护装置。

(4)过电压及远跳单通道故障,应退出故障通道。正常运行时,严禁做远跳试验。

5.4.2.2　继电保护的巡视检查

运行值班人员应每轮班对全厂继电保护装置巡视检查 1 次,遇特殊情况应增加巡视检查次数。

1.继电保护的巡视检查项目

(1)保护装置工作正常,电源指示灯、运行指示灯正常点亮,各信号指示无异常。

(2)保护压板投入状态与实际运行方式要求一致,接触良好,标识清楚完好,符合调度命令要求。

(3)确认各仪表指示是否正常,有无过负荷现象;母线电压三相是否平衡、正常;系统频率是否在规定的范围内。

(4)各元件有无过热、异音等不正常现象。

(5)各开关及其接头和端子有无松脱、过热、焦味及打火冒烟现象。

(6)保护装置接地线、接地排有无破损、锈蚀现象,接地线端子有无松脱现象。

(7)保护装置盘柜门关闭是否良好,盘面及周围环境是否清洁、无杂物。

(8)切换开关、按钮位置是否正常。

(9)微机录波保护和录波器的定值和时钟运行是否正常,微机保护的打印机运行是否正常,有无打印记录。

（10）检查记录有关继电保护及自动装置计数器的动作情况。

（11）检查高频通道测试数据是否正常。

2. 继电保护标准化巡视实例

下面是某水电厂依据该厂现场的《继电保护运行规程》《继电保护检修维护规程》，并结合该厂设备的具体情况制定的继电保护标准化巡视卡(主要部分)，见表5-4。

表5-4　继电保护标准化巡视卡(主要部分)

序号	检查部位、项目	检查维护内容	标准	方法
1	发电机保护A柜	装置面板指示信号	保护装置运行灯正常点亮，无异常告警信号，无故障报文信息	目视
2		装置液晶显示屏	保护柜液晶显示屏显示信息正确	目视
3		交流采样	交流电压、电流幅值、相位采样正确	目视
4		开关量开入	相关开关量开入变位正确	目视
5		GPS时钟	同步时钟显示正确	目视
6		空气开关、保护压板	空气开关、保护压板(软、硬压板)投/退正确	目视
7		端子及引线	盘柜接线牢固可靠，无松动、烧黑、烧焦现象	目视
8		打印机及打印纸	打印机正常，打印纸足够	目视
9		设备标示	设备标示清晰、完整	目视
10		设备清灰	干净、整洁	工具
11	发电机保护B柜	装置面板指示信号	保护装置运行灯正常点亮，无异常告警信号，无故障报文信息	目视
12		装置液晶显示屏	保护柜液晶显示屏显示信息正确	目视
13		交流采样	交流电压、电流幅值、相位采样正确	目视
14		开关量开入	相关开关量开入变位正确	目视
15		GPS时钟	同步时钟显示正确	目视
16		空气开关、保护压板	空气开关、保护压板(软、硬压板)投/退正确	目视
17		端子及引线	盘柜接线牢固可靠，无松动、烧黑、烧焦现象	目视
18		打印机及打印纸	打印机正常，打印纸足够	目视
19		设备标示	设备标示清晰、完整	目视
20		设备清灰	干净、整洁	工具

续表 5-4

序号	检查部位、项目	检查维护内容	标准	方法
21	主变保护A柜	装置面板指示信号	保护装置运行灯正常点亮,无异常告警信号,无故障报文信息	目视
22		装置液晶显示屏	保护柜液晶显示屏显示信息正确	目视
23		GPS 时钟	同步时钟显示正确	目视
24		交流采样	交流电压、电流幅值、相位采样正确	目视
25		开关量开入	相关开关量开入变位正确	目视
26		空气开关、保护压板	空气开关、保护压板(软、硬压板)投/退正确	目视
27		端子及引线	盘柜接线牢固可靠,无松动、烧黑、烧焦现象	目视
28		打印机及打印纸	打印机正常,打印纸足够	目视
29		设备标示	设备标示清晰、完整	目视
30		设备清灰	干净、整洁	工具
31	主变保护B柜	装置面板指示信号	保护装置运行灯正常点亮,无异常告警信号,无故障报文信息	目视
32		装置液晶显示屏	保护柜液晶显示屏显示信息正确,模拟主接线图与当前运行状况相符	目视
33		GPS 时钟	同步时钟显示正确	目视
34		交流采样	交流电压、电流幅值、相位采样正确	目视
35		开关量开入	相关开关量开入变位正确	目视
36		空气开关、保护压板	空气开关、保护压板(软、硬压板)投/退正确	目视
37		端子及引线	盘柜接线牢固可靠,无松动、烧黑、烧焦现象	目视
38		打印机及打印纸	打印机正常,打印纸足够	目视
39		设备标示	设备标示清晰、完整	目视
40		设备清灰	干净、整洁	工具

续表 5-4

序号	检查部位、项目	检查维护内容	标准	方法
41	主变保护C柜	装置面板指示信号	保护装置运行灯正常点亮,无异常告警信号,无故障报文信息	目视
42		装置液晶显示屏	保护柜液晶显示屏显示信息正确,模拟主接线图与当前运行状况相符	目视
43		GPS 时钟	同步时钟显示正确	目视
44		空气开关、保护压板	空气开关、保护压板(软、硬压板)投/退正确	目视
45		机端断路器操作箱	电源指示正确,断路器位置指示正确	目视
46		端子及引线	盘柜接线牢固可靠,无松动、烧黑、烧焦现象	目视
47		打印机及打印纸	打印机正常,打印纸足够	目视
48		设备标示	设备标示清晰、完整	目视
49		设备清灰	干净、整洁	工具
50	发变组故障录波柜	录波器运行状况	运行指示灯正常点亮	目视
51		采样波形	各电压、电流采样波形正常	目视
52		录波功能	手动启动录波正常	手动试验
53		GPS 时钟	同步时钟显示正确,GPS 对时灯闪亮	目视
54		柜内端子及引线	盘柜接线牢固可靠,无松动、烧黑、烧焦现象	目视
55		设备标示	设备标示清晰、完整	目视
56		设备清灰	干净、整洁	工具
57	继电保护信息系统同步相量测量系统	装置时钟,面板脉冲	时钟正确,面板脉冲闪烁正常	目视
58		相量测量装置	各指示灯亮,无故障信息	目视
59		通信状况	通信正常,无故障信息	目视
60		设备标示	设备标示清晰、完整	目视
61		设备清灰	干净、整洁	工具

续表 5-4

序号	检查部位、项目	检查维护内容	标准	方法
62	断路器保护屏	断路器保护装置	运行灯、充电灯正常点亮,无异常信号	目视
63		短引线保护装置	投、退状态符合运行工况,且运行指示灯正常、投保护灯正常点亮,无异常信号	目视
64		保护压板	投切位置正确,且标签明晰	目视
65		柜内端子及引线	连接牢固无松动,无烧黑、烧焦现象	目视
66		双电源切换装置	运行正常,无报警	目视
67		GPS 时钟	时钟正确	目视
68		设备标示	设备标示清晰、完整	目视
69		设备清灰	干净、整洁	工具
70	线路保护装置	柜内各信号灯	信号灯指示正常,无异常信号	目视
71		保护装置定值区	定值区放置正确	目视
72		保护压板	投切位置正确,且标签明晰	目视
73		光纤通道	通道运行正常,无异常信号	目视
74		柜内端子及引线	连接牢固无松动,无烧黑、烧焦现象	目视
75		GPS 时钟	时钟正确	目视
76		设备标示	设备标示清晰、完整	目视
77		设备清灰	干净、整洁	工具

5.4.2.3　继电保护的维护

运行中的维护主要是设备测温、数据分析等,主要包括:

(1)对微机保护的电流、电压采样值每周记录 1 次,对差动保护要记录差动电流值。

(2)定期对保护装置端子排进行红外测温,尽早发现接触不良导致的发热。

(3)每月对微机保护的打印机进行检查并打印。

(4)每月定期检查保护装置时间是否正确,方便故障发生后的故障分析。

(5)定期核对保护定值运行区,打印出定值单进行核对。

5.4.3　继电保护的操作

5.4.3.1　继电保护压板投退

1.××保护投入运行

(1)确认保护装置无告警或动作信号。

(2)投入××保护功能压板,确认压板投入可靠。

(3)确认保护装置××保护已投入运行。

2.××保护退出运行

(1)确认保护装置无告警或动作信号。

(2)退出××保护功能压板,确认压板退出可靠。

(3)确认保护装置××保护已退出运行。

5.4.3.2　继电保护装置投退

1.保护装置投入运行

(1)合上保护装置交、直流电源,确认所有电源指示灯亮。

(2)确认保护装置无告警或动作信号。

(3)投入保护功能压板,确认压板压接可靠。

(4)确认保护出口压板一端有电另一端无电,或两端均无电压,投入保护出口压板。

2.保护装置由运行转停运

(1)退出装置出口压板。

(2)退出装置功能压板。

(3)投入装置检修压板。

(4)断开装置交流电源。

(5)断开装置直流电源。

3.保护装置由停运转运行

(1)合上保护装置直流电源。

(2)合上保护装置交流电源。

(3)确认保护装置无故障信号。

(4)退出保护装置检修压板。

(5)投入保护装置功能压板。

(6)确认保护装置功能压板已投入。

(7)测量出口压板上端对地电压。

(8)测量出口压板下端对地电压。

(9)确认出口压板上下端至少有一端对地无压后投入出口压板。

5.4.3.3　继电保护重合闸方式切换

1.投入××断路器重合闸"单重"方式运行操作

(1)确认保护装置无异常报警信号。

(2)确认××断路器保护装置重合闸方式在"停用"位置。

(3)确认××断路器保护装置重合闸出口压板已退出。

(4)将××断路器保护装置重合闸方式切至"单重"位置。

(5)确认××断路器保护装置重合闸装置面板上"充电"指示灯点亮。

(6)测量××断路器保护装置重合闸出口压板上端口对地电压。

(7)测量××断路器保护装置重合闸出口压板下端口对地电压。

(8)投入××断路器保护装置重合闸出口压板。

2. 退出××断路器重合闸"单重"方式运行操作

(1)退出××断路器保护装置重合闸出口压板。

(2)将××断路器保护装置重合闸方式由"单重"切至"停用"位置。

(3)确认××断路器保护装置重合闸装置面板上"充电"指示灯熄灭。

5.5　安稳装置运行与维护

5.5.1　安稳装置概述

5.5.1.1　安稳装置作用

水电厂安稳装置即安全稳定控制装置,也叫安控装置,就是能够快速切除系统故障,确保系统稳定的装置。电力系统发生短路或异常运行称为电力系统的一次事故,而把可能导致电力系统失步的事故称为二次事故。为了防止二次事故的严重后果,必须设安稳装置,当发生严重故障时,通过采取切机、切负荷、局部解列等控制措施,维持系统功角稳定、电压稳定和频率稳定,保证电网的可靠运行。

5.5.1.2　安稳装置结构组成

安稳装置主要由主控单元、I/O 单元、通信单元等组成,水电厂侧和变电站侧均采用双重化配置并列运行方式。下面以某大型水电厂的安稳装置为例,对其结构组成进行说明。

1. 安稳装置的配置

该厂采用南瑞稳定控制技术分公司生产的 SCS-500E 安稳装置,共设置 3 面屏。其中 2 面安装在 500 kV 保护室内,分别为:分布式稳定控制装置 A 柜,装有 SCS-500E 安稳装置 1 台;分布式稳定控制装置 B 柜,装有 SCS-500E 安稳装置 1 台。另外,设置一面光电变换接口柜,内含 2 台 SCS-500E TX 光电变换装置,置于通信机房。

2. 安稳装置的输入、输出信号

模拟量接入 1~4 号(4 台)发变组高压侧的三相电流、三相电压。压板设置有:传动试验压板、总功能压板、监控信息闭锁压板、本柜主运压板、至巴中通道压板、至另柜通道压板、各机组允切压板、各机组跳闸出口压板、各机组检修压板。

3. 安稳装置的运行方式

两套安稳装置采用主辅运行方式,任一套装置动作后,都同时作用于机组开关两组跳闸线圈。

5.5.2　安稳装置的巡视检查与维护

5.5.2.1　安稳装置运行的基本要求及规定

1. 安稳装置运行的基本要求

安稳装置投入运行前,应按规定进行试验,结果达到所规定的指标后,还应重点核实以下规定的项目:

(1)装置的整定值与定值通知单相符。

（2）试验数据、试验结论完整、正确。

（3）盖好所有装置及辅助设备的盖子。

（4）拆除在检验时使用的试验设备、仪表及一切连接线，清扫现场，所有被拆动的或临时接入的连接线应全部恢复正常，所有信号装置应全部复归。

（5）各压板位置正确，接触良好。

（6）电源及信号灯指示正常。

（7）装置内部、外部无异味。

（8）清除试验过程中产生的故障报告、告警记录等所有报告。

（9）GPS 对时正确。

2. 安稳装置运行基本方式

（1）安稳装置属于调度管辖，正常情况下应投入运行，退出时必须经调度批准。

（2）装置压板根据一次设备变化，按照策略表和省调下达方案投退。

（3）装置采用主辅运行方式，任一套装置动作后同时作用于机组开关两组跳闸线圈。

（4）处于主运状态的装置判出故障需要动作时，若没有收到辅运装置的动作信号，则立即动作，同时发动作信号闭锁辅运装置；若收到辅运装置的动作信号，则被闭锁不再出口。在同一启动过程中，处于主运状态的装置第一次动作时若没有收到辅运装置的动作信号，则在该启动过程中不再接收辅运装置的动作信号。

（5）处于辅运状态的装置判出故障需要切机时，延时 35 ms 动作，若在延时期间没有收到主运装置的动作信号，则辅运装置动作，同时发动作信号闭锁主运装置；若在延时期间收到主运装置动作信号，则不再动作。

（6）若通道压板退出，不发任何有效数据或命令，只发通道检验信息，通道接收异常也不点通信异常灯。

（7）巴中变电站与电厂侧切机配合：

①巴中变电站安稳装置监测巴中双回线故障，按照策略表采取切电厂机组措施。

②电厂侧检测 1~4 号（4 台）发变组高压侧的电气量，向巴中变电站安稳装置发送可切总量，接受并执行巴中安稳装置发送的切机容量命令，按照切机原则切除允切机组。

③电厂侧主要监测 1~4 号（4 台）发变组高压侧运行情况，接收巴中变电站切机命令，并按切机原则切除允切机组。

（8）切机原则：

①安稳装置向巴中变电站安稳装置发送可切机总容量和机组跳闸信息，电厂侧安稳装置接收并执行巴中变电站发来的按容量联切机组命令，切机原则为在允切机组中按照过切量最小选择切除机组。

②单机运行时不切机。

③双机及以上运行时，保留 1 台机不切，投入其余运行机组的允切和出口压板。

④选择发电出力大的机组为安稳装置的允切机组。

⑤开、停机或机组出力调整时，应及时调整安稳装置的允切机组压板和出口压板。

（9）电厂向巴中变电站发送本厂所有可切机组容量总和，发生以下任一情况，则发送的机组容量总和清零：

①总功能压板退出。

②装置异常闭锁。

③与巴中通道接收异常。

④至巴中通道压板退出。

⑤当判断出机组跳闸时,则向巴中变电站发送机组跳闸信息。

5.5.2.2　安稳装置的巡视检查

运行值班人员应每轮班对安稳装置巡视检查 1 次,遇特殊情况应增加巡视检查次数。

1. 安稳装置的巡视检查项目

(1)确认各装置上指示灯显示正确。

(2)液晶显示屏上显示的时间应与厂内 GPS、北斗时钟时间保持一致。

(3)装置显示的元件电压、电流、功率及频率等测量结果应正确。

(4)检查装置与省调通信应正常。

(5)检查装置柜上各压板位置应正确,显示屏上压板投退信号显示应正确。

(6)检查装置内部或外部应无异味、异音。

(7)检查装置各柜门应关闭完好,标识正确。

(8)如装置与其他安稳装置有通信,应查看通信是否正常,是否有通道异常信号发出。

2. 安稳装置标准化巡视实例

下面是某水电厂依据该厂现场的《安稳装置运行规程》《安稳装置检修维护规程》,并结合该厂设备的具体情况制定的安稳装置标准化巡视卡(主要部分),见表5-5。

表 5-5　安稳装置标准化巡视卡(主要部分)

序号	内容	质量标准	方法
1	空气开关、电源	屏上的保护直流、打印机电源、控制直流、系统电压空气开关位置与设备运行方式相符	目视
2	装置外观	各屏内外及其附近地面应保持清洁干净,防火、防鼠设施完整。各屏内无放电声、冒烟、焦味。工作环境温度 5 ~ 30 ℃,空气相对湿度<75%。接地线、接地铜排无锈蚀、无松脱	目视 耳听 鼻嗅
3	打印机	打印机处于"备用"状态,无卡纸,打印纸足够,打印字迹清晰	目视
4	压板状态	保护功能压板、出口压板位置与运行方式相符,退出的压板应确保其固定在断开位置	目视
5	端子	屏内端子及各插件接线无松脱、锈蚀、发热现象。屏内端子之间及插件背板接线之间无异常短接物	目视
6	面板	运行指示灯点亮,面板上其他信号灯皆不亮	目视

续表 5-5

序号	内容	质量标准	方法
7	人机界面	查阅人机界面,各种信息应正常,无新的事故报告提示。液晶屏显示各支路的元件编号、电流大小及潮流方向,电压显示正确	目视 查阅
8	继电器	柜内加装的继电器外壳完整,无裂纹;接点位置正确并符合设备正常的运行状态,无抖动、烧毛、拉弧现象	目视
9	电流端子温度检测	目测各端子无松脱、发热,无打火冒烟现象,无焦味。在相同的环境、相同的时间,同一端子箱内承载相同负荷的各电流端子之间温差不应超过 3 ℃	目视 鼻嗅 红外测温
10	装置时钟	检查装置时钟与厂内 GPS、北斗时钟一致	目视

5.5.2.3　安稳装置的维护

运行中的维护主要是安稳装置测温、检查,主要包括:

(1)柜面漆层完整,无损伤、无锈蚀、无积尘。

(2)安稳装置各液晶界面信号指示正确,信号显示与实际工况相符。

(3)安稳装置一次接线母排、铜排、电缆连接处的温度及各开关干净无积尘,触头、电缆无过热现象。

(4)盘柜的正面及背面各电器、端子排、切换压板等应标明编号、名称、用途及操作位置,其标明的字迹应清晰、工整,确保不脱落、不脱色。

5.5.3　安稳装置的操作

5.5.3.1　安稳装置操作原则及相关规定

1.安稳装置操作原则

(1)安稳装置改变方式压板状态时,应先退出原有方式压板,再投入调度下令投入的方式压板。每次操作只能投一个方式压板。

(2)退出运行时,先退出出口压板,再退出功能压板;投入运行时,先投入功能压板,再投入出口压板。

(3)投入功能压板时,必须按要求测量保护功能压板两端口电压。正常情况下,功能压板两端口应有电压,若测量无电压,请及时联系有关技术人员进行处理。

(4)投入出口压板时,必须根据装置信号灯指示或者用高内阻电压表(直流电压挡)以一端对地测量电压的方法,检查并证实未给出跳闸或合闸脉冲,才允许将出口压板投入。正常情况下,出口压板一端有电压,另一端没有电压,若测量发现出口压板两端均有电压,及时通知有关技术人员处理,确认正确后才能投入出口压板。

(5)安稳装置与继电保护或自动化设备共用电流互感器、电压互感器回路时,如在回路或任何一个设备上工作,应注意对共用回路的其他设备的影响。如在安稳装置上工作,应注意对相关保护设备的影响,在保护装置上的工作应注意对安稳装置的影响。因此,这些回路或设备的检修工作必须编写方案,明确工作内容,确定工作范围、影响和工作步骤,制定现场工作安全措施等,并按规定向省调报检修申请,注明对安稳装置、保护设备的影响以及需要采取的安全措施,经批准后执行。

(6)安稳装置进行试验时,必须做好安全措施,退出装置功能压板和通道压板,在确认安全的情况下,方可进行定值修改或试验工作。使用试验设定值进行开关传动时,只投入要传动开关的出口压板,其余出口压板全部退出。

2. 安稳装置运行的基本规定

(1)安稳装置压板操作规定:

①安稳装置的"传动试验压板""允许修改定值压板",正常运行时退出;特殊方式压板按调度指令投退。

②安稳装置同一机组(并网线路)的允切压板和跳闸出口压板,其投退状态应保持一致。

③安稳装置柜间通道两端的压板应保持一致,由现场自行负责操作,进行通道压板投退操作时,允许两侧通道短时不一致。

④安稳装置各开关或元件的检修压板由现场根据一次设备运行状态自行负责投退,一次设备停电操作后,及时投入该元件或开关的检修压板;一次设备恢复送电前,先退出该元件或开关的检修压板,再送电操作。

⑤安稳装置并网线路启动远方跳闸压板,由现场自行负责操作。正常情况下,线路启动远方跳闸压板应与安稳装置跳本线路的跳闸出口压板同时投退。

⑥安稳装置运行期间,电厂按以下要求自行负责管理安稳装置的允切压板和出口压板:投入所有运行机组的允切压板和出口压板;退出停运机组的允切压板和出口压板;开、停机组时,应及时调整安稳装置的允切压板和出口压板。

(2)安稳装置启用时,应先将其电源合上,再投入功能压板,检查装置无异常,分别测量出口压板上下端对地电压,合格后投入出口压板;停用时,顺序相反。

(3)两套安稳装置不得同时退出运行,当装置故障或通道异常时,需立即汇报值班调度员,根据值班调度员要求,将安稳装置停运、退出。

(4)发生故障开关跳闸后,现场运行人员应立即投入 2 个安稳装置主柜对应开关的检修压板,确保压板与开关状态一致。

(5)开关停送电时,应严格按照停电时先一次后二次、送电时先二次后一次的操作顺序,调整稳定控制装置 A/B 柜对应开关检修压板,即停电时断开开关后,立即投入对应开关检修压板,送电时退出开关检修压板后,立即合上对应的开关。

(6)在下列情况下,应停用安稳装置:

①装置内部作业时。

②安稳装置输入、输出回路作业,有相关要求时。

③继电保护人员整定定值时。

④装置内部出现故障时。

⑤至省调通信通道异常时。

（7）严格执行省调下达的定值单，禁止未经调度批准修改定值。

（8）保护定值修改规定：

①保护定值由省调下达。

②定值修改由维护人员进行。

③定值修改完毕后，维护人员将修改后的定值打印且核对无误，检查无异常后向运行人员进行详细的交代。

④运行值班人员检查保护装置无异常，向省调反馈执行结果。

（9）因通道异常检修通道，安稳装置柜有工作时，与该通道有关的安稳装置应按调度指令停运；安稳装置柜无工作时，可短时停用通道而不停用安稳装置。

（10）安稳装置动作后，运行值班人员应立即向值班调度员汇报装置动作情况，并做好记录，装置动作信号记录完毕并征得值长同意后方可复归。同时，还应收集整理装置动作报告，汇报值班调度员。

（11）安稳装置动作切机后，运行人员应在检查被切机组无异常后做好并网准备，未经值班调度员许可，不得将被切机组并网，不得将被切机组负荷转移到其他机组。

（12）安稳装置"总出口投入"压板退出时，不仅闭锁本厂装置出口分合本站开关的功能，还闭锁本厂装置发出口命令信息到其他站功能。因此，安稳装置在"投信号状态"时，"总出口投入"压板应投入。

（13）安稳装置"元件检修"压板依据元件的一次设备运行状态投退，不依据安稳系统状态变化投退；当元件检修时，先停运一次设备，再投入"元件检修"压板；元件恢复运行时，先退出"元件检修"压板，再投运一次设备。

5.5.3.2　安稳装置投运及退出

1. 安稳装置投运

（1）向继电保护人员核实安稳装置是否具备投入运行条件。

（2）确认本屏保护出口压板均在退出位置。

（3）确认本屏保护功能压板均在退出位置。

（4）依次合上装置柜后面板上直流电源、保护二次交流电压引入小开关。

（5）依次合上装置柜内直流电源、保护二次交流电压引入小开关。

（6）依次投入各个插件背后小开关至"ON"位置。

（7）确认本屏装置各插件工作正常，无告警信号。

（8）投入本屏保护功能压板，确认无信号。

（9）测量出口压板两端无电压，投入出口压板。

（10）每投入一个出口压板，必须确认无异常后，再依次投入下一个，直到全部投入。

2. 安稳装置退出

（1）安稳装置退出操作时，需符合以下条件：

①安稳装置故障。

②安稳装置内部工作之前。

③电流互感器上进行检修试验工作前，退相应切机压板。

④电流互感器断线，退相应切机压板。

(2)退出本屏保护所有出口压板。

(3)退出本屏保护所有功能压板。

(4)按各个插件背后小开关至"OFF"位置。

(5)拉开保护装置柜内直流电源、保护二次交流电压引入小开关。

(6)拉开装置柜后面板上直流电源、保护二次交流电压引入小开关。

(7)拉开安稳装置打印机交流电源开关。

5.5.3.3　安稳装置通道投退

1.投入安稳系统与变电站子站之间的通道操作(安稳装置在运行状态)

(1)确认安稳系统电厂主站与变电站通道中断。

(2)确认本屏出口压板均在投入位置。

(3)确认本屏功能压板均在投入位置。

(4)投入"变电站通道投入"压板。

(5)确认本屏装置各插件工作正常,无告警信号。

2.退出安稳系统与变电站子站之间的通道操作(安稳装置在运行状态)

(1)确认安稳系统电厂主站与变电站通道正常。

(2)确认本屏出口压板均在投入位置。

(3)确认本屏功能压板均在投入位置。

(4)退出"变电站通道投入"压板。

(5)确认本屏装置各插件工作正常,有中断告警信号。

5.6　计算机监控系统运行与维护

5.6.1　计算机监控系统概述

5.6.1.1　计算机监控系统作用及分类

1.作用

水电厂计算机监控系统主要完成水轮机、发电机、励磁系统、调速系统、油水气系统等设备的管理与监控,通过远程操控实现水轮发电机组的正常开停机、机组负荷调节、断路器及隔离开关分合、自动发电控制(AGC)、自动电压控制(AVC)、事故停机、闸门启闭及各辅助设备控制等,同时还具备冗余切换、系统自诊断、数据处理、历史数据库、安全运行监视、人机接口、事件顺序记录、统计记录、故障报警、操作指导、事故追忆等系统功能。

如今水电厂的计算机监控系统已经发展成为集计算机硬件、软件、网络、通信和电力电子保护等为一体的综合系统,正向着生产过程控制智能化、运行检修决策智能化、数据信息平台一体化、经济效益最大化的方向发展,不仅与水电厂各个重要设备的运行息息相关,还直接影响到整个水电厂的安全、稳定、经济运行。

2.分类

水电厂计算机监控系统有许多种分类方法,归纳起来有如下几种:

（1）按计算机的作用不同,可分为计算机辅助监控系统、以计算机为基础的监视控制系统、计算机和常规控制设备双重化的监控系统。

（2）按计算机系统控制方式不同,可分为集中式计算机监控系统、分散式计算机监控系统、分布处理式计算机监控系统和全分布全开放式计算机监控系统。

（3）按计算机的配置不同,可分为单计算机系统、双计算机系统(包括前置处理机和不带前置处理机)和多计算机系统。

（4）按照网络拓扑结构不同,可分为单星型网络结构、单环型网络结构、双星型网络结构、双环型网络结构、星环网络结构等,其网络冗余和可靠性指标依次递增。目前,较为主流的网络结构形式为双星型和双环型网络结构。

（5）按系统的构成方式不同,可分为计算机直接构成系统和专用计算机监控系统。

（6）按控制的层次不同,可分为直接控制和分层(级)控制。

（7）按控制的算法不同,可分为经典控制和现代控制。

（8）按操作方式不同,可分为按键、开关的传统操作方式和利用监盘、CRT 屏幕的计算机式操作方式。

5.6.1.2　计算机监控系统结构组成

目前,水电厂计算机监控系统多数采用全计算机核心监控方式,全开放、分层分布式模块化冗余系统结构,主要由厂站控制层、现地控制层和通信网络系统三部分构成。各部分组成及作用如下。

1.厂站控制层

厂站控制层设备通常也称为上位机,布置在中控室及计算机房,主要由各类服务器、网络通信设备、时钟同步系统、不间断电源(UPS)系统、存储装置、打印设备、二次安防相关设备、大屏幕系统及监控系统软件等组成,其主要功能包括实时数据采集与处理、安全运行监视、数据存储、控制与调节、自动发电控制(AGC)、自动电压控制(AVC)、经济调度控制(EDC)、系统通信,同时提供生产数据分析、事故追忆、Web 查询、生产报表及打印、系统诊断、语音报警及 ONCALL 等扩展功能。

1)各类服务器

各类服务器主要包括实时数据主机服务器、历史数据服务器、历史数据备份服务器、调度通信服务器、厂内通信服务器、光纤磁盘阵列、语音报警服务器、Web 数据服务器、Web 发布服务器、ONCALL 短信发送服务器、操作员工作站、培训工作站、工程师站、报表工作站等。其中,实时数据主机服务器、历史数据服务器、调度通信服务器及厂内通信服务器等要冗余配置,操作员工作站可根据电厂实际需要配置,一般不少于 2 台。

2)时钟同步系统

时钟同步系统用以实现水电厂内所有自动装置的时钟同步,通常有单 GPS 主时钟、GPS/北斗冗余配置、双 GPS 冗余配置等工作方式。一般水电厂使用 GPS/北斗冗余配置工作方式,由 GPS 主时钟及天线、北斗主时钟及天线、扩展箱及时间信号传输通道等组成。时钟同步系统除应为监控系统提供标准时间外,还需具有满足 IEEE Std 1344-1995 (R2001)标准的 IRIG-B(AC)码、IRIG-B(DC,RS-485/422/TTL)码、1PPS/1PPM/1PPH/

1PPX 脉冲输出(空触点/差分/光纤/测试用 TTL)、时间报文信息(RS-232/RS-422)、NTP/SNTP(以太网接口,物理隔离)等多种串口通信及脉冲对时,能适应各种保护装置和自动化设备的接口要求,以满足机组调速系统、励磁系统、保护系统、安全自动装置、同步相量测量装置、故障录波装置、电能量采集系统、水情水调系统、MIS 系统、工业电视系统等设备的对时需要。

3) 不间断电源(UPS)系统

计算机监控系统供电电源是否可靠,是系统正常运行的关键。电源系统的稳定可靠可以有效保障在事故情况下监控系统能正常运行,有利于事故处理。为了保证计算机设备、网络设备的不间断工作,需要配置冗余的逆变电源。一般由 2 套 UPS 主机(包括静止整流/充电器、逆变器、静止转换开关、模拟控制面板、控制保护装置等)、2 路交流输入电源、2 路直流输入电源、负荷配电柜等设备组成冗余不间断电源系统,交流输入电源取自厂用电,直流输入电源取自厂内直流系统或专用蓄电池组。正常运行时,UPS 使用厂用交流电源,通过整流器整流,再通过逆变器逆变成交流 220 V、50 Hz 电源后向上位机设备供电。当交流电源异常时,UPS 将使用直流电源经由逆变器逆变成交流 220 V、50 Hz 的电源向厂站级设备供电。

传统 UPS 供电冗余方式一般采用并机方式,即 2 台 UPS 输出并接在一起向外部设备供电,当 2 台 UPS 正常工作时,各承担 50% 的负荷,出现故障时,由另一台 UPS 承担 100% 负荷。目前多数计算机监控系统的设备电源由单电源供电发展为独立的双电源供电,两套 UPS 完全独立运行,具有双电源供电的计算机设备的供电分别来自两套独立的 UPS,对于那些少量的只有单电源供电的计算机设备,可由两套独立运行 UPS 输出至静态切换开关,通过静态切换开关无扰动切换后供电。

4) 监控系统软件

监控系统软件是上位机系统的核心控制部分,采用全分布式数据库,系统应用软件选用面向对象的计算机监控系统软件,具有良好的开放性、实时性、可移植性、高可靠性,包含多层分布式对象架构,支持异构平台的特性。具有功能强大的数据库、报表、通信接口文件、系统软件的组态工具,系统用户管理工具,画面编辑工具,顺控流程编辑及调试工具,以及多种接口标准。

5) 大屏幕系统

大屏幕系统设备完成对控制系统的各类信号的综合显示,形成一套完整的信息准确、查询便捷、管理高效、美观实用的信息显示管理控制系统。

2. 现地控制层

现地控制层设备由多个现地控制单元(LCU)组成,通常也称为下位机,主要由机组现地控制单元、公用设备现地控制单元、开关站现地控制单元、大坝现地控制单元等组成,包括可编程控制器(PLC)、现地工控机或者触摸屏、同期装置、温度巡检装置、通信管理装置、供电装置、测速装置、电能表、各控制回路、交流采样装置、各类端子、把手按钮、指示灯、继电器等。LCU 通过 PLC 采集现场开关量、模拟量、温度等信号送给上位机系统,数据上行处理实现对全厂设备的监视,同时通过上位机人机接口,将数据下行到 PLC,由

PLC 通过开出模块或者通信方式实现发电机组自动开停机、功率自动调节和控制、断路器和隔离开关分合控制，以及全厂辅助设备的自动控制。同时，LCU 具备较强的独立运行能力，在脱离厂站层的状态下能够完成其监控范围内设备的实时数据采集处理、设备工况调节转换、事故处理等任务。

1）可编程控制器（PLC）

可编程控制器（PLC）是 LCU 的核心控制部分，主要与上位机系统监控软件进行数据交互。目前，大多数水电厂采用双机热备的硬件冗余配置，即两个主处理器（CPU）分别安装在两个独立的框架上，每个主处理器（CPU）机架包括主处理器模块、电源模块、通信模块、IO 通信网络（包括远程 I/O 通信网）模块，以保证在异常情况下能够自动切换到备用系统。同时，为确保双机热备用切换时无扰动、实时任务不中断，每个 CPU 必须配置两个网卡，分别接入 A、B 网。此外，PLC 还包括 DI、SOE、AI、RTD、DO、AO 等 IO 模块来实现数据采集、监视和设备控制等功能。

2）现地工控机或者触摸屏

现地工控机或者触摸屏与现地 PLC 进行实时通信，是现场主要人机交互平台，具备数据及设备状态显示、设备控制等功能，例如机组开停机、负荷调整、开关分合等。

3）同期装置

同期装置是机组执行并网时使用的指示、监视、控制装置，可以检测并网点两侧的电网频率、电压幅值、电压相位是否达到条件，以辅助手动并网或实现自动并网，主要有准同期并列操作和自同期并列操作。

4）通信管理装置

由于水电厂内部自动化设备种类较多，通信网络具有多样性的特点，该装置具有以太网、CAN 现场总线接口、RS-232 串行接口等多种接口方式，每个通信口都能完成与上级或下级设备通信的功能，实现异种网络之间通信协议转换和数据管理功能，主要完成与机组调速系统、励磁系统、保护系统、电度表、辅机系统等控制系统的通信。

5）供电装置

LCU 必须配置交直流输入的冗余供电电源，交流电源分别取自厂用电两段 380 V 交流母线，直流电源分别取自直流系统两段 220 V 母线。同时，供电装置为自动化元件和传感器等设备提供 24 V 直流电源。

6）测速装置

水电厂测速装置对于机组的控制和状态监测十分重要，其测量精度及可靠性直接关系到水电机组的调节性能和运行安全性，所以大中型水电厂多数采用残压齿盘双路测速装置。残压测速信号取自发电机端电压互感器信号的频率信号，齿盘测速信号取自接近传感器（探头）在齿盘转动时发出的周期变化的信号。

7）交流采样装置

交流采样装置主要用于 LCU 对电流互感器、电压互感器的信号采集，经过计算得出有关的电流、电压、功率、频率等数值，经通信管理装置将信号送入 PLC 模块。

8) 各控制回路

各控制回路主要包括保护控制回路、电源控制回路、SOE 量/DI 量/AI 量/TI 量/DO 量/AO 量等输入输出量回路。

9) 水机保护

大多数水电厂水机保护均设置了一套基于 PLC 水机保护和一套基于继电器水机保护回路,两套保护相互独立,共同构成水轮机完善、可靠的保护体系。

3. 通信网络系统

通信网络系统主要包括厂站控制层与电力调度机构之间、厂站控制层计算机节点之间、厂站控制层与厂内其他子系统之间、厂站控制层与现地控制层之间、现地控制层设备之间的通信等,主要由通信服务器、网络交换机、隔离装置、纵向加密认证装置、防火墙、电力猫、光纤、双绞线等设备组成。目前,水电厂计算机监控系统多数采用开放的分层、分布式的体系结构,较为主流的网络结构形式为双星型和双环型网络结构。

(1) 厂站控制层与电力调度机构通信由调度通信服务器、纵向加密认证装置、电力猫等设备通过调度数据专用网络、调制解调器与话音(专用)线路等方式来进行数据传输。

(2) 厂站控制层计算机节点间的通信方式为厂站级交换机,采用千兆工业级以太网交换机,冗余配置,通过 RJ45 电口与厂站级各服务器、工作站等设备互联,传输介质采用双绞线。

(3) 厂站控制层与厂内 MIS 系统、水情测报系统等其他子系统的通信按照电力二次系统安全防护规定,由厂内通信服务器、隔离装置、防火墙等设备通过串口或网口实现。

(4) 厂站控制层与现地控制层通信主要由厂站级交换机与现地控制层每个现地控制单元(LCU)双 PLC 的 CPU 模块通过光纤(单模光口或多模光口)连接,采用传输速率为 100/1 000 Mbps 的冗余工业光纤以太网系统连接在一起,网络传输协议为 TCP/IP,系统内各节点全部接入该网络,并具有网络链路断线时备份链路进行网络数据传输恢复的功能。

(5) 现地控制层设备间的通信采用冗余的现场总线,用以连接远程 I/O 及现地智能监测设备,现场总线的物理拓扑结构为星型或环型冗余结构。现场设备网络全面采用现场总线技术。对于无法采用数字通信的设备,采用硬布线 I/O 或者通信管理机串口进行连接。另外,对于安全运行的重要信息、控制命令和事故信号,除采用现场总线通信外,还通过 I/O 点直接连接,以实现双路通道通信,保证通信安全。每套现地控制单元根据控制对象不同,内部配置设备不同。

(6) 各网络设备主要功能如下:

① 网络交换机(又称网络交换器),是一个扩大网络的器材,能为子网络中提供更多的连接端口,以便连接更多的计算机。

② 路由器是一种连接多个网络或网段的网络设备,它能将不同网络或网段之间的数据信息进行"翻译",以使它们能够相互"读"懂对方的数据,从而构成一个更大的网络。

③ 正向隔离装置是用于调度数据网与公用信息网络之间的安全隔离装置,用于安全 I/II 区向安全 III 区的单向数据传输。它在物理层实现两个安全区之间的单向的数据传

输,并且在电路级保证安全隔离装置内外两个处理系统不同时连通,可以识别非法请求并阻止超越权限的数据访问和操作,从而有效地抵御病毒、黑客等通过各种形式发起的对电力网络系统的恶意破坏和攻击活动,保护实时闭环监控系统和调度数据网络的安全;同时,它采用非网络传输方式实现这两个网络的信息和资源共享,保障电力系统的安全稳定运行。

④反向隔离装置是位于调度数据网络与公用信息网络之间的一个安全防护装置,用于安全区Ⅲ到安全区Ⅰ/Ⅱ的单向数据传递。反向隔离装置内嵌智能 IC 卡读写器,在实现安全隔离的基础上,采用数字签名技术和数据加密算法保证反向应用数据传输的安全性。因此,该设备的应用将有助于进一步提高电网调度系统的整体安全性和可靠性,并为建立全国电网二次系统安全防护体系提供有力保障。

⑤纵向加密认证装置位于电力系统内部局域网与电力调度数据网之间,用于安全Ⅰ/Ⅱ区之间的广域网边界保护,可为本地安全 Ⅰ/Ⅱ 区提供一个网络屏障,同时为上下级之间的广域网控制系统提供认证与加密服务,实现数据传输的机密性、完整性保护。纵向加密认证装置必须使用经过国家指定部门检测认证的电力专用纵向加密认证装置。

⑥防火墙用于安全 Ⅰ 区与安全 Ⅱ 之间的数据隔离,它具备数据包过滤、CF(内容过滤)、IDS(入侵侦测)、IPS(入侵防护)及 VPN 等功能;与软件防火墙相比,硬件防火墙的功能更全面,反应速度更快,同时硬件防火墙具有多种用户身份认证方式,如 OTP、RADI-US、数字证书(CA)等,实现基于用户的访问控制。

⑦电力猫是用于调度系统串口通信的设备,它将通信机串口产生的数字信号转换成模拟信号发送到电力专用数据网上,实现电力系统内部局域网与电力调度数据网之间的数据交换。

5.6.2　计算机监控系统的巡视检查与维护

5.6.2.1　计算机监控系统运行的基本要求及规定

1. 计算机监控系统运行的基本要求

计算机监控系统投入运行前,应按规定进行试验,结果达到所规定的指标后,还应重点核实以下规定的项目:

(1)上位机数据库、现地控制单元 PLC 程序、触摸屏程序运行正常,已备份并独立存储。

(2)上位机、现地控制单元画面及各类信号与现场设备状态一致。

(3)上位机、现地控制单元顺控流程正确,开环、闭环及联动试验结果符合标准。

(4)上位机、现地控制单元定值参数与技术通知单一致。

(5)上位机与电网调度、上位机与现地控制单元、现地控制单元与各辅机单元通信正常,信号正确。

(6)AGC/AVC 的控制策略、定值、与电网调度联动试验等均严格执行电网调度技术通知单要求。

(7)上位机、现地控制单元交直流供电正常,UPS 装置运行正常,双电源切换无扰动。

（8）各类压板投退状态与技术通知单要求一致。

（9）上位机服务器、现地控制单元 PLC 等冗余配置设备，主备用切换正常。

（10）监控系统外围设备运行正常。

（11）时钟同步系统运行正常，对时准确。

2. 计算机监控系统运行基本方式

（1）计算机监控系统所控设备的控制方式正常情况下置"远方"位置。

（2）计算机监控系统正常情况下在中控室操作员站进行监视、操作。中控室操作员站操作失灵或监控系统通信故障时，将现地 LCU 控制方式切至"现地"进行监控，并及时通知维护人员处理。

（3）计算机监控系统上位机服务器、通信网络设备、现地控制单元 PLC 均双套主备用运行，数据实时交互，故障时自动切换。

（4）机组保护压板、上位机软压板等按要求已投入。

（5）全厂 AGC 运行于调度定值方式，在调度定值方式不可用时，为了保证发电计划电量偏差满足要求，在现地曲线方式可用时，应将全厂 AGC 投入现地曲线方式运行。当调度定值方式恢复可用时，为了提高调度定值方式下全厂 AGC 的投入率，应及时申请将全厂 AGC 投入调度定值方式。

（6）全厂 AVC 运行于调度定值方式，在调度定值方式不可用时，为了保证电压要求，在电厂定值方式可用时，应将全厂 AVC 投入电厂定值方式运行。当调度定值方式恢复可用时，应及时申请将全厂 AVC 投入调度定值方式。

3. 计算机监控系统运行的基本规定

1）通用规定

（1）计算机监控系统的运行管理，应严格执行有关的管理制度和运行规程。任何人不得随意在监控系统设备上进行操作，也不得利用任何方式进入监控系统账户。

（2）监控系统上的工作必须严格履行工作票制度。维护人员无工作票不得在监控系统进行作业或更改设备运行方式。

（3）监屏人员应注意监视全厂设备的运行状态、运行参数，及时进行分析、调整。

（4）监屏人员发现报警信息，应及时做出判断，并汇报值长进行处理。

（5）交接班时，监屏人员应检查当前登录用户是否正确，检查操作员站、语音报警、监测终端、打印机及相关外设等工作是否正常。

（6）设备发生事故和重大异常时，监屏人员应及时启动打印机打印有关报表和信息，为事故分析提供依据，并将故障现象准确记录，及时准确地汇报值长处理。

（7）计算机监控系统设备发生重大故障时，值班人员不允许自行进行复位操作，应立即汇报值长，同时加强对现场设备的监视。

（8）监控系统流程未执行完毕，不得随意退出流程。当设备出现重大缺陷、程序不能继续执行下去时，征得值长同意后可退出流程，及时进行相应处理。

（9）LCU 柜正常运行时，严禁按下 LCU A1 柜面板上的"调试"按钮。

（10）LCU 柜正常运行时，由交、直流 220 V 电源双供电，严禁直流电源长时间退出。

（11）严格禁止非监控系统专用便携计算机接入计算机监控系统网络。

（12）严格禁止使用非监控系统专用移动存储介质（软盘、移动硬盘、光盘、U 盘）。

（13）离线修改监控系统数据和程序时，应使用专用工具进行。

（14）监控系统不应与管理信息系统（MIS）直接网络连接通信，以防止病毒的侵蚀和破坏。如果需要网络通信，则必须按照《电力二次系统安全防护规定》（国家电力监管委员会令第 5 号）的要求，选用单向物理隔离装置进行安全隔离，并按照《计算机病毒防治管理办法》（中华人民共和国公安部令第 51 号）进行病毒检测与防护管理。

（15）除经授权的系统管理维护人员、运行值班人员外，其他人员进入机房需经当班值长批准才能进入。严禁带无关人员进入机房，确因工作需要，如系统故障诊断和处理、设备维修维护、系统或设备安装等人员进入机房，必须由专业技术人员或机房管理人员陪同进入，做好登记。

2）操作规定

（1）在操作员站上进行操作时，必须有专人监护，并严格执行操作票制度。一个操作任务应只在一个操作员站上进行。在操作员站上进行操作时，必须经值长同意。

（2）在监控系统上操作过程中，因故终止该操作时，应及时退出对话框，同时点击"操作投入"图标，应显示为"操作退出"，以防误动。

（3）严禁在两个操作员工作站对同一对象进行操作，严禁将值班室两个操作员站同时停运。

（4）中控室操作员站死机，监屏人员应立即转移至其他操作员站继续监视，并及时联系维护人员处理。

（5）计算机监控系统的每一项操作必须认真校对画面上所对应的命令键正确与否，并监视简报窗口上的提示。

（6）在计算机监控操作过程中发现疑问时，应中止操作，未查明原因不得继续操作。

（7）在计算机监控系统上操作过程中，主机或操作员工作站与 LCU 通信中断时，严禁在上位机对通信中断的 LCU 所控制的设备进行操作，应改为 LCU 现地监视和操作。

3）自动发电控制（AGC）运行规定

（1）电厂 AGC 功能的投退（包括全厂 AGC 及单机 AGC）必须严格按照调度指令及要求执行，紧急情况下可立即退出全厂 AGC 功能，并向省调值班员说明原因。

（2）AGC 机组检修压板要求在机组解列停机后，需要做有关检修安全措施前投入，防止机组停机事故信号导致全厂 AGC 退出。机组正常停机备用不需要投入机组检修压板，并网机组不准投入机组检修软压板。

（3）投入单机 AGC 功能前，应尽量调整该机组负荷与同一可调区域内参加 AGC 机组的负荷接近后再投入，以减少机组间大负荷转移，减少负荷波动。机组所带负荷在机组振动区内或机组调节范围之外时禁止投入单机 AGC 功能。

（4）全厂 AGC 投入前，全厂有功实发值应与设定值一致，且各机组出力与 AGC 分配值一致，否则不能投入全厂 AGC。AGC 调节方式由"开环"向"闭环"切换前，必须确认全厂的 AGC 分配有功值正确，并且已经分配至各投入 AGC 的机组后，才能进行切换。

（5）AGC 在不同模式切换时，先将全厂 AGC 退出"闭环"调节，转为"开环"调节方式，再进行相关方式切换，切换完毕后观察负荷设定值及分配正常后，方可投入"闭环"调节方式。

（6）全厂 AGC 投入运行时，保证至少有 1 台机组单机投入 AGC，且保证该机组有功调节功能在投入，避免出现无机组参加 AGC 而退出全厂 AGC 功能。因此，在两台机组运行需进行单机 AGC 功能投入切换时，应先投入未参加 AGC 机组的 AGC 功能，然后退出已参加 AGC 机组的 AGC 功能。

（7）"全厂可调容量上限"表示当前未投 AGC 机组的总出力与当前投入 AGC 机组可发总出力最大值之和；"全厂可调容量下限"表示当前未投 AGC 机组的总出力与当前投入 AGC 机组可发总出力最小值之和。

（8）"联合振动区"表示当前水头下全厂机组的联合振动区，调度下发全厂总有功值不能落在联合振动区内，否则不予接收。

（9）机组在执行 AGC 设定值时，不受一次调频功能的影响，在一次、二次调频不能叠加的情况下，满足以 AGC 二次调频令优先的策略。

（10）机组有功调节未投入监控闭环，机组 LCU 与主机通信故障、机组有功功率信号故障，调速器非自动的情况下，监控系统将会退出或不能投入单机 AGC 功能。

（11）无机组投入 AGC、系统频率故障、机组非发电状态保护、并网机组状态发生突变、AGC 运算时设定值与实发值偏差过大、并网机组事故或切机、并网机组 LCU 与监控主机通信中断（或并网机组控制切至现地）、并网机组有功测量源品质故障的情况下，以及调度定值方式下调度通信中断等情况，监控系统将会退出全厂 AGC。

（12）操作人员应根据负荷曲线及参加 AGC 机组运行情况投退小负荷分配功能。

（13）当参加 AGC 机组需要停机时，根据机组工况和系统运行方式选择机组，停机前先退出其 AGC 功能。

（14）AGC 的"投""退"操作应按照调度指令执行，AGC 因故自动退出应及时向调度值班员汇报并记录。

（15）AGC 水头方式一般情况下设置为手动方式，应根据实际水头或单机出力及时调整水头设定值。

（16）AGC 控制方式间的切换：现地定值方式可以切换为现地曲线及远方定值方式；现地曲线方式只能切换为现地定值方式；远方定值方式只能切换为现地定值方式。

（17）调度侧 AGC 投入调频方式时，调度给定值将不是严格按照曲线方式下发，而是在曲线基础上有一个调频范围。电厂值班人员选取参加 AGC 的机组应保证其可调容量范围满足系统调频范围的要求，当并网机组 AGC 可调容量范围不能满足系统调频范围要求时，应及时向调度说明情况。

4）自动电压控制（AVC）运行规定

（1）全厂 AVC"投""退"操作必须向调度值班员申请同意后方可执行，单机 AVC 的"投""退"操作由运行值班人员自行确定。

（2）全厂 AVC"无功"控制目标方式投入前，全厂无功实发应与设定值一致，且各机组无功实发与 AVC 分配值一致;否则,不能投入全厂 AVC。

　　(3)全厂 AVC"电压"控制目标方式投入前,全厂受控母线电压应与设定值一致,且各机组无功实发与 AVC 分配值一致,否则不能投入全厂 AVC。

　　(4)当出现"××机组测点品质坏,单机 AVC 退出,AGVC 不分配"报警信号时,是由于有功/无功测量源采集异常或无功可调上/下限运算异常,非发电态机组可通过手动投入 AVC 画面中"机组检修标记"来屏蔽闭锁 AVC 分配功能,发电态机组应及时申请退出全厂 AVC。

　　(5)当参加 AVC 机组需要停机时,停机前应先退出其 AVC 功能。

　　(6)全厂 AVC 投入运行时,必须保证至少有 1 台机组单机投入 AVC,避免出现无机组参加 AVC 而退出全厂 AVC 功能,因此在两台机组运行需进行单机 AVC 功能投入切换时,应先投入未参加 AVC 机组的 AVC 功能,然后退出已参加 AVC 机组的 AVC 功能。

　　(7)主机进行主从切换或者重新启动操作时,主从切换操作前需核查备机 AGC、AVC 等各进程运行正常后方可切换;重启操作时,需等待主机启动正常约 10 min 后,核查 AVC 等相关进程启动正常再进行主从切换。

　　(8)任何涉及或可能影响全厂 AVC 功能运行的检修工作,必须向调度提出检修申请。相关试验申请退出 AGC、AVC 时,不要在申请开工时即退出 AGC、AVC,在实际开始到影响 AGC、AVC 运行的步骤时重新办理工作票,而后再申请退出 AGC、AVC,影响 AGC、AVC 投运的相关工作完成后,及时申请投入 AGC、AVC。

5.6.2.2　计算机监控系统的巡视检查

　　运行值班人员应每轮班对计算机监控系统巡视检查 1 次,遇特殊情况应增加巡视检查次数。

　　1.计算机系统的巡视检查项目

　　(1)确认监控系统电源正常。

　　(2)确认监控系统功能、画面、I/O 信号、通信正常。

　　(3)现地控制单元 LCU 柜内 PLC 模件运行正常,相应指示灯指示正常,各把手位置正确,无故障报警信号,系统运行正常。

　　(4)机组保护压板、监控上位机软压板投入正常。

　　(5)GPS 系统时钟对时准确。

　　(6)机房温度正常,调温、调湿设备性能良好。

　　(7)监控系统服务器运行正常。

　　(8)继电器指示正确。

　　(9)保护压板投入正常。

　　(10)转速继电器运行正常。

　　(11)现地控制单元触摸屏画面切换、数据显示及刷新正确。

　　2.计算机监控系统标准化巡视实例

　　下面是某水电厂依据该厂现场的《计算机监控系统运行规程》《计算机监控系统检修维护规程》,并结合该厂设备的具体情况制定的计算机监控系统标准化巡视卡(主要部分），见表 5-6。

表 5-6　计算机监控系统标准化巡视卡（主要部分）

序号	项目及内容	标准	方法
1	计算机机房环境	1. 主控级计算机房和中控室，温度应保持在 18~27 ℃，湿度应保持在 45%~80%，调温调湿设备性能良好。 2. 火警探测器、自动灭火系统、灭火器等配置齐全，处于良好状态	目视
2	服务器、工作站、装置常规检查	1. 外观清洁无灰尘、污渍、缺件、锈蚀、损伤和烧焦痕迹。 2. 装置间连接电缆、导线、尾纤的连接应可靠，敷设及捆扎应整齐美观，各种标志应齐全、清晰。 3. 装置、主控制器、模件的掉电保护开关、跳线或插针设置正确、接插可靠	目视
3	GPS 运行系统时钟对时情况	1. GPS 时钟装置接收机状态指示正常，各分、秒指示灯闪烁正常。 2. 主控级各工作站的时间与 GPS 时钟装置的时间一致。 3. 现地单元控制级各 PLC、触摸屏的时间与 GPS 时钟装置的时间一致	目视
4	系统网络运行情况	1. 检查系统内各节点均在线，无网络故障、节点故障报警信息。 2. 检查各网络接口数据指示灯闪烁	目视
5	UPS 供电电源情况	1. 查看 UPS 电源有无报警信息，查看 UPS 控制面板中各项运行参数，输入输出电压、输出电流以及频率有无较大变化情况。 2. 检查主机、电池及配电部分引线及端子的接触情况，检查馈电母线、电缆及软连接头等各连接部位的连接是否可靠。 3. 检查风扇运行状况，风扇电机无异响，并测量 UPS 主要模块和风扇电机的运行温度	目视
6	系统内部和外部通信情况	1. 检查附近有无危及光缆、通信电缆安全的异常情况。 2. 光缆、通信电缆无破损、断线，走线整齐，预留及弯曲半径符合规范，光纤保护接头盒挂靠牢固。 3. 确认各连接接头、插件、端子接线应牢固无松动。 4. 确认通信模件和 SJ-30 通信管理装置状态正常、通信指示灯指示正确，无异常中断报警信息。 5. 检查通信接口数据表，核对上送网调遥测、遥信数据，电厂侧接收遥调数据准确，核对上送省调遥测、遥信数据准确，核对共享水情上、下游水位数据准确，核对上送"五防"系统各开关状态数据准确	目视

续表 5-6

序号	项目及内容	标准	方法
7	人机接口外设运行状态	1. 显示器画面清晰,无闪烁、抖动和不正常色调,亮度、对比度、色温、聚焦、定位等按钮功能正常。 2. 鼠标、键盘内部电路板各元件无异常,操作灵活无滞涩,响应正确。 3. 打印机外观清洁无灰尘、污渍,内部电路板各元件无异常现象,各连接线或连接电缆正确,无松动、断线现象,机械转动部分灵活,无滞涩	目视
8	人机接口设备功能及动态数据情况	1. 确认画面调用、浏览、打印正常,调用新画面时间不大于 2 s。 2. 确认实时数据刷新正常,画面实时数据刷新时间不大于 2 s。 3. 确认产生的事故、故障、状变、越复限报警,操作信息、自诊断信息等,登录简报窗口、事故光字窗口、语音报警正常,报警或事件产生到窗口登录和发出音响的时间不超过 2 s。 4. 确认报表生成、数据查询正常,召唤打印和定时打印功能正常。 5. 确认一览表信息登录、查询正常,曲线查询正常,打印功能正常。 6. 确认各现地控制单元级触摸屏实时数据刷新正常,并同现场设备或表计逐一核对信号、状态、参数、信息,保持实时准确性。 7. 各现地控制单元级触摸屏与主控级数据库数据核对,保持实时一致性。 8. 模拟显示屏各指示开关状态、参数、仪表显示正常	目视
9	数据库服务、用户数据情况	1. 历史数据备份工作站备份数据功能正常。 2. 历史数据查询工作站数据转换、数据查询功能正常	目视
10	现地控制单元工作电源	交流电源开关、直流电源开关在合位置,外观完好,无发黄、发黑现象	目视
11	PLC 模件	1. 查看液晶屏,PLC 处于主用或备用状态。 2. COM 灯闪亮,主、备 PLC 通信正常。 3. STS 灯闪烁,系统冗余,主备设备信息交换。 4. 各模件信号显示正常	目视
12	继电器	1. 继电器外壳完好,无裂痕,无损坏。 2. 接点位置正确,无抖动、烧毛、拉弧现象。 3. 指示灯指示状态与设备工作状况相符	目视
13	保护压板	正常运行时,常规紧急停机压板、监控紧急停机压板在投入状态	目视

续表 5-6

序号	项目及内容	标准	方法
14	转速继电器	1. 转速继电器外观无破损、灰尘及污垢。 2. 面板无故障灯亮。 3. 监控画面显示频率、状态与转速继电器实际一致	目视
15	触摸屏	1. 触摸屏外壳干净、整洁、无污垢,面板电源指示灯亮,显示器工作正常,亮度合适。 2. 各画面切换正常,监视设备的状态、数据正常刷新,数据在量程范围内,无测量故障信息	目视

5.6.2.3　计算机监控系统的维护

运行中的维护主要是计算机监控系统清扫、检查切换、重启备份等工作,具体如下。

1. 主、备用设备的定期重启、轮换

(1)主控级服务器双机正常切换应半年进行 1 次,系统能正常无扰动切换至从服务器运行,故障诊断、相关报警正确。

(2)现地控制单元级主控制器双机正常切换应半年进行 1 次,备用主控制器应自动、无扰动、快速地投入工作,故障诊断、相关报警正确。

(3)切断现地控制单元级供电插箱任一路电源,控制系统工作正常,除发生与该设备相关的报警外,系统未发生出错、死机或其他现象。

(4)切断各盘柜 I/O 模件扩展插箱电源任一路电源,各盘柜模件工作正常,输入、输出点无影响。

(5)切断服务器冗余电源任一路,控制系统工作正常,中间数据及累计数据不得丢失,故障诊断显示应正确,除发生与该试验设备相关的报警外,系统不得发生出错、死机或其他异常现象。

(6)切断任一现地环网装置电源,系统工作正常,数据不得丢失,通信不得中断,报警正确,诊断画面显示应与试验实际相符。

(7)对冗余配置的厂站层设备宜每半年冷启动 1 次,以消除因为系统软件的隐含缺陷对系统运行产生的不利影响。对于未做冗余配置的厂站层设备,在做好完备的安全措施以后方可冷启动。

2. 应用软件完整性检查及数据库、文件系统备份

(1)根据软件列表及系统启动情况,逐一启动各应用软件,启动各应用软件过程无异常、出错信息提示。

(2)启动系统自身监控、查错、自诊断软件,检查其功能符合要求。

(3)主控级数据库组态、报表、画面、通信接口文件、系统自启动文件、参数配置文件、用户数据,以及现地控制单元级主控制器 PLC 程序、触摸屏程序、通信管理装置编译程序,每个季度进行 1 次备份。

(4)主控级冗余运行的服务器、工作站数据库、文件系统均分别进行备份。

（5）主控级用户数据转换完成后，通过应用软件查询数据，确定数据正确再进行备份。

（6）现地控制单元级主控制器 PLC 程序上传至计算机后，通过应用软件进行联机检查，确定程序正确再进行备份。

（7）应用软件、内核更新程序在无改动的情况下，备份每年进行 1 次，并确保保存最近三个版本的软件及内核更新程序。

（8）所有数据库、程序、文件系统一经修改，需在修改前、修改后分别进行一次备份。

（9）备份前，对存储介质进行清洁，并检查无异常。

（10）备份结束后，在备份件上正确标明备份编号、名称、时间等内容。

（11）对备份进行读出质量检查，应无介质损坏或不能读出等现象发生，备份的内容、文件大小和日期等应正确。

（12）备份应至少保存有 3 个连续不同时间的拷贝，且每个时间的拷贝应至少保存两份，存放在无强电磁干扰、无高温、清洁干燥的两个不同的地点，分类保存。

3. 服务器、工作站数据核对，操作系统维护

（1）观察实时数据服务器数据广播正常，检查历史数据服务器数据存储、查询正常，各工作站数据广播正常。

（2）按照省调上下行数据表清单，与中调逐一核对上送遥测、遥信数据的正确性。

（3）按照省调下发全厂有功负荷值，观察电厂侧接受遥调数据的正确性。

（4）逐一核对主控级与现场设备或表计的信号、状态、参数、信息，保证数据正确性。

（5）逐一核对现地控制单元级触摸屏与现场设备或表计的信号、状态、参数、信息，保证数据的正确性。

（6）服务器存储的用户数据备份完成后，对其进行清理。

（7）启动操作系统后，宜关闭所有文件，启动磁盘检测和修复程序，对磁盘错误进行检测修复。

（8）检查磁盘空间，及时清理系统临时文件、core 文件、硬件和软件产生的日志，并校准系统日期和时间。

（9）检查各用户权限、账号口令，审核委托关系、域和组等设置，检查各设备和文件、文件夹的共享或存取权限设置。它们应正确且符合系统要求。

（10）各服务器自启动文件自启动正常，无异常退出运行情况。

（11）检查各网络接口站或网关的端口服务设置，关闭不使用的端口服务。

4. 系统响应时间检查

（1）将开关量操作输出信号直接引到该操作对象反馈信号输入端。记录工作站键盘指令发出到屏幕显示反馈信号的时间，重复 10 次取均值。操作信号响应时间平均值应不大于 2.0 s。

（2）改变实时数据服务器模拟量测点，记录工作站信号发出至另一台工作站数据变化时间，重复 10 次取均值。操作信号响应时间平均值应不大于 2.5 s。

5. 设备停电除尘

（1）对厂站层计算机、打印机及网络设备进行停电清扫除尘。设备内部清扫干净，无

灰尘、污垢。插件外观无破损、无锈斑,插头紧固,插件插头螺丝无松动现象。

(2)各盘柜设备及元器件卫生清扫每季度进行 1 次。

(3)各盘柜电缆孔封堵、接地等检查每季度进行 1 次。

(4)各盘柜端子、设备接线端子检查紧固及标识完善每季度进行 1 次。

6. 设备外观维护

对计算机附属的光盘驱动器、软盘驱动器、磁带机、显示器、键盘、鼠标等使用专用清洁工具进行清洁。

7. 病毒防护

根据需要对厂站层计算机系统进行病毒扫查,并采用专用的设备和存储介质,离线进行。防病毒系统运行正常,防病毒系统代码库保持在最新状态。

8. 蓄电池充放电试验

(1)蓄电池充电电流在正常范围内,电池温度升高平稳(且不高于 40 ℃),如出现电流过大或电池温升过快,应立即断开临时空气开关。放电试验结束后,应间隔 2 h 以上,才可以开始对蓄电池组进行充电。充电应严格按 IC10 恒流限压充电→恒压充电→浮充电三个过程进行。

(2)按蓄电池放电 10 h 进行核对性放电试验,各电池放电后电压应满足放电系数表要求。注意测试并记录蓄电池组总电压和各电池电压是否有过放电现象,记录表面温度。发现单个蓄电池电压低至 10.8 V 时即停止放电试验。如已放出了额定容量(20 A×10 h),则可记录电压后停止;如单体蓄电池已放电至终止电压而未放出额定容量,则需进行 3 次充放电循环,应能达到其额定容量值的 100%;否则,此组蓄电池不合格,需更换。放电时每小时记录 1 次单体电压。

9. 系统存储和负荷率检查

(1)通过系统工具或指令检查各控制站处理器处理能力余量应大于 50%。

(2)通过系统工具或指令检查各操作站处理器处理能力余量应大于 60%。

(3)通过系统工具或指令检查各工作站内存余量应大于总内存容量的 40%。

(4)通过系统工具或指令检查各工作站外存余量应大于总内存容量的 60%。

(5)通过系统工具或指令检查所有现场控制站的中央处理单元在恶劣工况下的负荷率 5 次,每次 10 s,负荷率应不大于 60%。

(6)通过系统工具或指令检查计算站、数据管理站等的中央处理单元在恶劣工况下的负荷率 5 次,每次 10 s,负荷率应不大于 40%。

(7)通过系统工具或指令检查数据通信总线的负荷率 5 次,每次 10 s,以太网应不大于 20%,其他网络应不大于 40%。

10. 网络功能检查

(1)切断任一节点的一条通信线,即时报该节点网络故障。

(2)切断任一节点的全部通信线,即时报该节点故障。

11. 软件保护和口令维护

(1)清理服务器、工作站系统中与控制系统无关的软件。

(2)检查各功能工作站人机接口软件分级授权情况,相应功能工作站开通相关功能权限。

(3)各工作站每一级用户口令的权限设置正确,口令字长应大于 6 个字符并由字母数字混合组成。修改后的口令应做好记录,妥善保管。

5.6.3　计算机监控系统的操作

5.6.3.1　上位机运行操作(以 4 号机组为例)

1.4 号机组由"停机"转"发电"操作

(1)点击"操作退出"图标,图标显示为"操作投入"。

(2)确认 4 号机组开机条件满足。

(3)点击 4 号机组"单元监视"图标。

(4)点击"4F"图标。

(5)点击"4 号机组发电"→"执行"→"确定"。

(6)监视机组开机流程执行正常。

(7)点击"操作投入"图标,图标显示为"操作退出"。

2.4 号机组由"发电"转"停机"操作

(1)点击"操作退出"图标,图标显示为"操作投入"。

(2)点击 4 号机组"单元监视"图标。

(3)减 4 号机组有功功率至 10 MW 以下,减 4 号机组无功功率至 10 MW 以下。

(4)点击"4F"图标。

(5)点击"4 号机组停机"→"执行"→"确定"。

(6)监视 4 号机组停机流程执行正常。

(7)点击"操作投入"图标,图标显示为"操作退出"。

3.机组有功/无功负荷设定

(1)调出机组单元控制图或 PQF 调节图。

(2)用鼠标选中有功/无功调节投入按钮,单击左键,当有功/无功调节显示"已投入"时,则允许负荷设定。

(3)可以使用两种方法进行负荷设定:一种是直接给定负荷值或拖动滚动条进行快速给定,然后点"确认"即可。另一种是使用负荷微调直接按"P+"(Q+)、"P-"(Q-)进行调节。

(4)有功/无功调节到目标值后,退出有功/无功功率调节

4.开关同期合闸(无压合闸/分闸)操作(以 500 kV 开关为例)

(1)检查 500 kV×××开关三相油压正常。

(2)检查 500 kV×××开关无 SF$_6$ 气压低报警。

(3)点击"操作退出"图标,图标显示为"操作投入"。

(4)在上位机画面上点"画面索引"→"开关站操作图",进入开关操作接线监控画面,点击"500 kV×××开关",弹出控制操作画面,点"同期合闸(无压合闸/分闸)"后点"执行",在弹出的对话框中点"确定"后,启动流程,上位机操作成功。

(5)点击"操作投入"图标,图标显示为"操作退出"。

5. 上位机 1 号检修排水泵启动(停止)操作

公用系统的"排水系统""低压气系统""高压气系统"里各设备的控制操作与此大同小异。

(1)调出公用辅设监控画面。

(2)点击"1 号检修排水泵"。

(3)点击"启动(停止)"→"执行"→"确认"。

(4)检查 1 号检修排水泵启动(停止)正常。

(5)点击"操作投入"图标,图标显示为"操作退出"。

5.6.3.2　现地 LCU 运行操作(以 4 号机组为例)

1. LCU 柜由"检修"转"运行"操作

(1)检查 LCU 柜面板"远方/现地"控制把手在"现地"位。

(2)检查 LCU 柜面板"调试"按钮在"按下"位。

(3)合上交流、直流馈电柜上相应 LCU 柜供电空气开关。

(4)合上 LCU 柜后交、直流电源开关。

(5)按下 LCU 柜面板上 AC(交流)、DC(直流)电源按钮,面板对应指示灯点亮。

(6)按下 LCU 柜面板上 PLC 电源按钮、信号电源按钮,面板上对应指示灯点亮。

(7)检查触摸屏、交流采集装置、同期装置面板指示灯、各模件正常。

(8)弹起"调试"按钮,检查各开出继电器动作正常,在线继电器灯亮。

(9)切 LCU 柜"远方/现地"控制把手至"远方"位。

2. LCU 柜由"运行"转"检修"操作

(1)将 LCU 柜面板"远方/现地"控制把手切至"现地"位。

(2)按下 LCU 柜双供电插箱"调试"按钮。

(3)弹起 LCU 柜面板上信号电源按钮、PLC 电源按钮。

(4)弹起 LCU 柜面板上 DC、AC 电源按钮。

(5)断开 LCU 柜后交、直流电源开关。

(6)断开直流馈线柜、交流馈电柜 LCU 柜电源开关。

3. 4 号机组由"停机"转"空转"操作

(1)将 4 号机组 LCU 柜"远方/现地"控制把手切至"现地"位。

(2)点击登录按钮,输入登录密码并确认。

(3)点击控制画面。

(4)确认 4 号机组开机条件满足。

(5)点击"4F"图标。

(6)点击"空转"→"执行"→"确认"。

(7)监视 4 号机组开机至"空转态"。

(8)将 4 号机组 LCU 柜"远方/现地"控制把手切至"远方"位。

4. 机组 LCU 4 号机组由"空转"转"空载"操作

(1)将 4 号机组 LCU 柜"远方/现地"控制把手切至"现地"位。

(2)点击登录按钮,输入登录密码并确认。

（3）点击控制画面。

（4）点击"4F"图标。

（5）点击"空载"→"执行"→"确认"。

（6）监视 4 号机组开机至"空载态"。

（7）将 4 号机组 LCU 柜"远方/现地"控制把手切至"远方"位。

5. 机组 LCU 4 号机组由"空载"转"发电"操作

（1）将 4 号机组 LCU 柜"远方/现地"控制把手切至"现地"位。

（2）点击登录按钮，输入登录密码并确认。

（3）点击控制画面。

（4）点击"4F"图标。

（5）点击"同期合 4 号机组 4 发电"→"执行"。

（6）监视 4 号机组开机至"发电态"。

（7）将 4 号机组 LCU 柜"远方/现地"控制把手切至"远方"位。

6. 机组 LCU 4 号机组由"发电"转"空载"操作

（1）将 4 号机组 LCU 柜"远方/现地"控制把手切至"现地"位。

（2）点击登录按钮，输入登录密码并确认。

（3）点击控制画面。

（4）减 4 号机组有功功率至 20 MW 以下，减 4 号机组无功功率至 20 MW 以下。

（5）点击"4F"图标。

（6）点击"空载"→"执行"。

（7）监视 4 号机组停机至"空载态"。

（8）将 4 号机组 LCU 柜"远方/现地"控制把手切至"远方"位。

7. 机组 LCU 4 号机组由"空载"转"空转"操作

（1）将 4 号机组 LCU 柜"远方/现地"控制把手切至"现地"位。

（2）点击登录按钮，输入登录密码并确认。

（3）点击控制画面。

（4）点击"4F"图标。

（5）点击"空转"→"执行"。

（6）监视 4 号机组停机至"空转态"。

（7）将 4 号机组 LCU 柜"远方/现地"控制把手切至"远方"位。

8. 机组 LCU 4 号机组由"空转"转"停机"操作

（1）将 4 号机组 LCU 柜"远方/现地"控制把手切至"现地"位。

（2）点击登录按钮，输入登录密码并确认。

（3）点击控制画面。

（4）点击"4F"图标。

（5）点击"停机"→"执行"。

（6）监视 4 号机组停机至"停机态"。

（7）将 4 号机组 LCU 柜"远方/现地"控制把手切至"远方"位。

9. 现地 LCU 负荷调整有功/无功操作

(1)将4号机组 LCU 柜"远方/现地"控制把手切至"现地"位。

(2)点击登录按钮,输入登录密码并确认。

(3)点击 PQF 调节图。

(4)确认有功(无功)可调已投入。

(5)投入有功(无功)调节。

(6)点击有功(无功)设置窗口,设置有功(无功)为××.×× MW(Mvar)。

(7)确认4号机组有功(无功)已达设置值。

(8)退出4号机组无功调节。

(9)点击注销按钮。

(10)将机组 LCU 柜"远方/现地"切换方式把手切至"远方"位。

10. 500 kV 开关同期合闸(无压合闸/分闸)操作(以 5011 开关为例)

(1)将开关站 LCU"远方/现地"控制把手切至"现地"位。

(2)输入登录密码并确认。

(3)检查 5011 开关三相油压正常。

(4)检查 5011 开关三相气压正常。

(5)点击控制画面。

(6)点击"5011"开关图标。

(7)点击"同期合闸(无压合闸/分闸)"→"执行"→"确认"。

(8)检查 500 kV 5011 开关在"合闸"("分闸")位。

(9)将开关站 LCU"远方/现地"控制把手切至"远方"位。

11. 公用 LCU 10 kV Ⅰ段进线开关合闸操作(以 901 开关为例)

(1)将厂用电 LCU 柜"远方/现地"控制把手切至"现地"位。

(2)输入登录密码并确认。

(3)点击控制画面。

(4)点击"901DL"开关图标。

(5)点击"合闸"→"执行"→"确认"。

(6)检查 10 kV Ⅰ段母线电压正常。

(7)将厂用电 LCU 柜"远方/现地"控制把手切至"远方"位。

12. 公用 LCU 10 kV Ⅰ段进线开关分闸操作(以 901 开关为例)

(1)将公用 LCU 柜"远方/现地"控制把手切至"现地"位。

(2)输入登录密码并确认。

(3)点击控制画面。

(4)点击"901DL"开关图标。

(5)点击"分闸"→"确认"。

(6)确认 10 kV Ⅰ段母线电压为 0。

(7)将厂用电 LCU 柜"远方/现地"控制把手切至"远方"位。

5.6.3.3　AGC 运行操作

1. AGC 投入操作

1)投入单机 AGC 功能

(1)投入单机"有功 PID 调节"。

(2)投入"单机投入 AGC"功能。

2)投入全厂 AGC 功能(开环)

(1)确认至少 1 台机已投入单机 AGC 功能。

(2)确认全厂 AGC"开环/闭环控制"在开环。

(3)投入"全厂 AGC 功能"。

3)投入全厂 AGC 功能(闭环),控制权在电厂

(1)确认至少 1 台机已投入单机 AGC 功能。

(2)投入"全厂 AGC 功能"。

(3)确认"全厂设定总有功"与"全厂实发总有功"、并网机组总负荷一致。

(4)确认"调度/电厂切换"控制权限在电厂。

(5)投入"开环/闭环控制"至闭环。

4)投入全厂 AGC 功能(闭环),控制权在调度

(1)确认至少 1 台机已投入单机 AGC 功能。

(2)投入"全厂 AGC 功能"。

(3)确认"全厂设定总有功"与"全厂实发总有功"、并网机组总负荷一致。

(4)投入"调度/电厂切换"至调度。

(5)投入"开环/闭环控制"至闭环。

2. AGC 退出操作

1)退出单机 AGC 功能

点击退出"单机投入 AGC"功能。

2)退出全厂 AGC 功能

(1)投入"开环/闭环控制"至开环。

(2)投入"调度/电厂切换"至电厂。

(3)退出"全厂 AGC 功能"。

(4)退出所有机组"单机投入 AGC"功能。

5.6.3.4　AVC 运行操作

1. AVC 投入操作

1)投入单机 AVC 功能

(1)投入单机"无功 PID 调节"。

(2)投入"单机投入 AVC"功能。

2)投入全厂 AVC 功能(开环),控制权在电厂

(1)确认至少 1 台机已投入单机 AVC 功能。

(2)确认全厂 AVC"开环/闭环控制"在开环。

(3)确认"调度/电厂切换"在电厂。

(4)投入"全厂 AVC 功能"。

3)投入全厂 AVC 功能(开环),控制权在调度

(1)确认至少 1 台机已投入单机 AVC 功能。

(2)确认全厂 AVC"开环/闭环控制"在开环。

(3)投入"全厂 AVC 功能"。

(4)投入"调度/电厂切换"至调度。

4)投入全厂 AVC 功能(闭环),控制权在电厂

(1)确认至少 1 台机已投入单机 AVC 功能。

(2)投入"全厂 AVC 功能"。

(3)确认"全厂电压设定值"与"Ⅰ母电压实测值"一致。

(4)确认"调度/电厂切换"控制权限在电厂。

(5)投入"开环/闭环控制"至闭环。

5)投入全厂 AVC 功能(闭环),控制权在调度

(1)确认已投入单机 AVC 功能。

(2)投入"全厂 AVC 功能"。

(3)确认"全厂电压设定值"与"Ⅰ母电压实测值"一致。

(4)投入"调度/电厂切换"至调度。

(5)投入"开环/闭环控制"至闭环。

2. AVC 退出操作

1)退出单机 AVC 功能

点击退出"单机投入 AVC"功能。

2)退出全厂 AVC 功能

(1)投入"开环/闭环控制"至开环。

(2)投入"调度/电厂切换"至电厂。

(3)退出"全厂 AVC 功能"。

(4)退出所有机组"单机投入 AVC"功能。

参 考 文 献

[1] 孟宪影.水电厂运行常见事故及其处理[M].郑州:黄河水利出版社,2020.

[2] 龚在礼,陈芳.水电厂机电运行[M].郑州:黄河水利出版社,2014.

[3] 马素君.水电厂辅助设备运行与监测[M].郑州:黄河水利出版社,2013.

[4] 蔡燕生,陈炳森.水轮机调速器运行及故障处理[M].3版.郑州:黄河水利出版社,2016.

[5] 陈启卷.水电厂自动运行[M].北京:中国水利水电出版社,2009.

[6] 国家能源局.水轮发电机运行规程:DL/T 751—2014[S].北京:中国电力出版社,2014.

[7] 李晓明,窦甜甜.浅谈励磁系统[J].内蒙古石油化工,2013(10):40-41.

[8] 国家发展和改革委员会.大中型水轮发电机自并励励磁系统及装置运行和检修规程:DL/T 491—
2008[S].北京:中国电力出版社,2008.

[9] 广州擎天实业有限公司.EXC9000型励磁系统用户手册[CP/DK].广州:广州擎天实业有限公司,
2009.

[10] 涂瑜翾.浅谈同期装置的调试方法及操作流程[J].科技创新与应用,2016(6):183.

[11] 冯磊.亭子口电站机组同期装置的优化改造[J].水电站机电技术,2016,39(11):28-29.

[12] 北京四方继保自动化股份有限公司.数字式发变组保护装置说明书[CP/DK].北京:北京四方继保
自动化股份有限公司,2007.

[13] 张诚,陈国庆.水电厂电气一次设备检修[M].北京:中国电力出版社,2011.

[14] 南瑞集团有限公司.监控系统维护手册[CP/DK].南京:南瑞集团有限公司,2002.

[15] 王德宽,王桂平,张毅,等.水电厂计算机监控技术三十年回顾与展望[J].水电站机电技术,2008,
31(3):1-9.

[16] 凌洪政.亭子口水电站计算机监控系统设计及设备配置[J].水力发电,2014,40(9):71-74.

[17] 国家能源局.继电保护和安全自动装置运行管理规程:DL/T 587—2016[S].北京:中国电力出版
社,2016.

[18] 国家能源局.水轮机运行规程:DL/T 710—2018[S].北京:中国电力出版社,2018.

[19] 肖艳萍.发电厂变电站电气设备[M].北京:中国电力出版社,2008.

[20] 陕西省地方电力(集团)有限公司培训中心.变电站一次设备运行与维护[M].北京:中国电力出版
社,2020.

[21] 福建水口发电集团有限公司.水电站发电运行培训教材[M].北京:中国电力出版社,2017.

[22] 姜荣武,李华.电气设备运行[M].北京:中国电力出版社,2012.